U0216395

"闽西职业技术学院国家骨干高职院校项目建设成果"编委会

主　任：来永宝

副主任：吴新业　吕建林

成　员（按姓名拼音字母顺序排列）：

陈建才　董东明　郭　舜　李志文　林茂才

檀小舒　童晓滨　吴国章　谢　源　张源峰

闽西职业技术学院　国家骨干高职院校项目建设成果
MINXI VOCATIONAL & TECHNICAL COLLEGE　——环境监测与治理技术专业

固体废物处理与处置

主　编　刘立峰

副主编　陈碧美

厦门大学出版社　国家一级出版社
XIAMEN UNIVERSITY PRESS　全国百佳图书出版单位

总　序

　　国务院《关于加快发展现代职业教育的决定》指出，现代职业教育的显著特征是深化产教融合、校企合作、工学结合，推动专业设置与产业需求对接、课程内容与职业标准对接、教学过程与生产过程对接、毕业证书与职业资格证书对接、职业教育与终身学习对接，提高人才培养质量。因此，校企合作是职业教育办学的基本思想。

　　产教融合、校企合作的关键是课程改革。课程改革要突出专业课程的职业定向性，以职业岗位能力作为配置课程的基础，使学生获得的知识、技能满足职业岗位（群）的需求。至 2014 年 6 月，我院各专业完成了"基于工作过程系统化"课程体系的重构，并完成了 54 门优质核心课程的设计开发与教材编写。学院以校企合作理事会为平台，充分发挥专业建设指导委员会的作用，主动邀请行业、企业"能工巧匠"参与学院专业规划、专业教学、实践指导，并共同参与实训教材的编写。教材是实现产教融合、校企合作的纽带，是教和学的主要载体，是教师进行教学、搞好教书育人工作的具体依据，是学生获得系统知识、发展智力、提高思想品德、促进人生进步的重要工具。根据认知过程的普遍规律和教学过程中学生的认知特点，学生系统掌握知识一般是从对教材的感知开始的，感知越丰富，观念越清晰，形成概念和理解知识就越容易；而且教材使学生在学习过程中获得的知识更加系统化、规范化，有助于学生自身素质的提高。

　　专业建设离不开教材，一流的教材是专业建设的基础，它为课程教学提供与人才培养目标相一致的知识与实践能力的平台，为教师依据教学实践要求，灵活运用教材内容，提高教学效果，完成人才培养要求提供便利。由于有了好的教材，专业建设水平也不断提高，因此在福建省教育评估研究中心汇总公布的福建省高等职业院校专业建设质量评价结果中，我院有 26 个专业全省排名进入前十名，其中有 15 个专业进入前五名。麦可思公司 2013 年度《社会需求与培养质量年度报告》显示，我院 2012 届毕业生愿意推荐母校的比例为 68％，比全国骨干院校 2012 届平均水平 65％高了 3 个百分点；毕业生对母校的满意度为 94％，比全国骨干院校 2012 届平均水平 90％高了 4 个百分点，人才培养质量大大提升。

闽西职业技术学院院长、教授

2015 年 5 月

前　言

　　近年来,为了遏制固体废物对环境的严重污染,国家对危险废物、生活垃圾、一般工业固体废物处理与处置项目的投入持续增加,相继在大、中、小城市都兴建了生活垃圾处理厂、固体废物处置中心等,固体废物处理与处置事业得到了很大发展。

　　目前开设环境类专业的高职院校都在根据社会的需要不断探索适合社会急需的环保人才,并相继把"固体废物处理与处置"纳入专业课程范围,加大对运行管理人才的培养。

　　本书以工作过程为导向,以工作内容为载体进行开发,图文并茂,内容全面,具有先进性、实用性,贴近本专业的发展和实际需要。根据固体废物类别及其处理、处置流程的不同将固体废物处理与处置分为城市生活垃圾处理与处置、一般工业固体废物处理与处置、危险废物处理与处置3个典型项目,每个项目又根据相应固体废物的处理、处置流程和固体废物处理职业岗位的能力要求分为若干个任务,各任务在教学和课程改革中经过多次教学实践,有较强的可操作性。

　　本书为适应高职教育的特点而编写,体现规范、必需的原则,具有适时的先进性和较好的教学适用性,主要特点有:突出高等职业的教育特色;理论与技能培训相结合;教材突出实用性。本书可作为高等职业院校环境类专业的教学用书及企业生产技术工人的培训教材,也可供企业科技人员参考。

　　本书由刘立峰任主编,陈碧美任副主编,项目1中的任务1、任务2、任务3、任务4、任务5、任务6、任务8,项目2中的任务1、任务2以及项目3由刘立峰编写,项目1中的任务7和项目2中的任务3由陈碧美编写。本书在编写过程中得到了龙岩新东阳环保净化有限公司、龙岩绿洲环境科技有限公司、龙岩市环境卫生管理处等多家企事业单位的大力支持和帮助,在此一并表示感谢。

　　鉴于时间短促和编者水平所限,书中难免有疏漏和不妥之处,敬请专家和读者批评指正。

编　者
2016 年 12 月

目　录

项目 1　城市生活垃圾处理与处置 ·················· 1

　任务 1　制定某单位固体废物分类清单 ·················· 1

　任务 2　城市生活垃圾分类收集方案设计 ·················· 19

　任务 3　城市生活垃圾采样与制样 ·················· 42

　任务 4　城市生活垃圾性质测定 ·················· 50

　任务 5　绘制生活垃圾分选工艺流程图 ·················· 63

　任务 6　介绍生活垃圾焚烧厂运行管理要点 ·················· 92

　任务 7　介绍生活垃圾堆肥厂运行管理要点(选学) ·················· 116

　任务 8　介绍生活垃圾填埋场运行管理要点(选学) ·················· 126

项目 2　一般工业固体废物处理与处置 ·················· 143

　任务 1　一般工业固体废物的采样和制样 ·················· 143

　任务 2　一般工业固体废物Ⅰ类、Ⅱ类鉴别 ·················· 151

　任务 3　废旧物品手工小制作 ·················· 152

项目 3　危险废物无害化处理 ·················· 156

　任务 1　危险废物鉴别 ·················· 156

　任务 2　固体废物腐蚀性鉴别 ·················· 164

　任务 3　指导企业规范化贮存及转移危险废物 ·················· 167

　任务 4　危险废物无害化与稳定化试验(选学) ·················· 173

　任务 5　介绍医疗垃圾焚烧工艺流程(选学) ·················· 183

参考文献 ·················· 187

项目 **1**
城市生活垃圾处理与处置

任务1 制定某单位固体废物分类清单

【任务描述】

闽西职业技术学院占地 1 000 多亩①,是正在发展的一所高职院校。建筑物包括学生宿舍、田径运动场、食堂、教学楼、实训楼、图书馆、行政楼、教工宿舍、在建新实训楼和专家楼等,其中实训楼包括环境工程系相关实验实训室、机械工程系实训室、电气工程系实训室、园林实训室、护理系相关实验实训室等。根据学院现有情况调查校园固体废物产生情况,列出各场所产生的固体废物并标明其类别。

【知识点】

1.1 固体废物的概念与特征

1.1.1 固体废物的概念

《中华人民共和国固体废物污染环境防治法》于 1995 年颁布,1996 年 4 月 1 日实施,2004 年 12 月修订,2005 年 4 月 1 日起开始正式施行,2015 年 4 月 24 日又进行修正。修正后的《中华人民共和国固体废物污染环境防治法》明确规定:固体废物是指生产、生活和其他活动中产生的丧失原有利用价值或者虽未丧失利用价值但被抛弃或者放弃的固态、半固态和置于容器中的气态的物品、物质以及法律、行政法规规定纳入固体废物管理的物品、物质。广义而言,废物按其形态可划分为气态、液态和固态 3 种。气态和液态废物常以污染物的形式掺混在空气和水中,被看作是废气和废水,一般应纳入大气环境和水环境管理体系进行管理,通常直接排入或经过处理后排入大气或水体中;不能排入大气的置于容器中的气态废物和不能排入水体的液态废物,由于大多具有较大的危害性而归入固体废物管理体系进行管理。因此,固体废物不仅指固态和半固态物质,也包括部分气态和液态物质。

---

① 1 亩≈666.7 平方米。

1.1.2　固体废物的主要特征

固体废物与废水和废气相比,有着明显不同的特征,即鲜明的时间性、空间性和持久危害性。

1. 时间性

各种产品本身具有使用寿命,超过了寿命极限,就会成为废物。一种过程的废物随着时空条件的变化,往往可以成为另一种过程的原料。随着时间的推移,任何产品经过使用和消耗后,最终都将变成废物。但是,所谓"废物"仅仅相对于当时的科技水平和经济条件而言,随着科技的进步,今天的废物也可能成为明天的有用资源。例如,动物粪便长期以来一直被当成污染环境的废弃物,今天已有技术可把动物粪便转化成液体燃料;石油炼制过程中产生的残留物,现在已变成了沥青筑路的材料被大量使用。

2. 空间性

从空间角度看,废物仅仅相对于某一过程或某一方面没有使用价值,而并非在一切过程或一切方面都没有使用价值。某一过程的废物,往往可用作另一过程的原料。例如,冶金工业产生的高炉渣可用来生产建筑用的水泥,电镀过程中产生的污泥可以回收重金属等,它们对建筑业和金属制造业来说又成了有用的资源。因此,固体废物的概念具有时间性和空间性,其又有"放在错误地点的原料"之称。

3. 持久危害性

固体废物呈固态、半固态的物质,不具有流动性,进入环境后,并没有被与其形态相同的环境所接纳。因此,它不可能像废水、废气那样可以迁移到大容量的水体(如江河、湖泊和海洋)或融入大气中,通过自然界中物理、化学、生物等多种途径进行稀释、降解和净化。固体废物在降解过程中只能通过释放渗滤液和气体进行"自我消化"处理,而这种"自我消化"过程是长期、复杂和难以控制的。因此,固体废物对环境的污染危害通常比废水和废气更持久。固体废物的危害具有长期潜伏性,其危害可能在数十年甚至更长时间后才能表现出来,而且一旦造成污染危害,由于它具有的反应迟滞性和不可稀释性,往往难以清除。例如,堆放场中的城市生活垃圾一般需要经过 10~30 年的时间才能趋于稳定,而其中的废旧塑料、薄膜等即使经历更长时间也不能完全消化掉。在此期间,垃圾会不停地释放渗滤液和散发有害气体,污染周边的地下水、地表水和空气,受污染的地域还可扩大到存放地之外的其他地方,而且,即使其中的有机物稳定化了,大量的无机物仍然会停留在堆放处,占用大量土地,并继续导致持久的环境问题。

1.2　固体废物的来源与分类

1.2.1　固体废物的来源

从宏观上讲,固体废物的来源可分两大类:一是生产过程中产生的废弃物(不包括废水和废气),称为生产废物;二是产品使用消费过程中产生的废弃物,称为生活废物。生产废物主要来自于工、农业生产等部门,其主要发生源是冶金、煤炭、电力工业、石油化工、轻工、原子能、农业生产等行业。据 2015 年 12 月我国环境保护部所进行的我国大、中城市固体废物污染环境防治年报统计,我国大、中城市一般工业固体废物产生量为 19.2 亿吨,工业危险废物产生量为 2 436.7 万吨,医疗废物产生量约为 62.2 万吨,生活垃圾产生量约为 16 816.1 万吨。我国是世界上最大的农业国家,农业固体废物的产生量也很大。据估计,目前我国每年要产生十几亿吨的农业固体废物。生活废物主要来自于城市生活垃圾。城市生活垃圾的产生量随季节、生活水平、生活习惯、生活能源结构、城市规模、地理环境等因素的不同而变化。例如,美国生活垃圾年增长率为 5%;欧洲经济共同体国家生活垃圾平均年增长率为 3%,其中德国为 4%,瑞典为 2%;韩国生活垃圾年增长率为 11%;我国目前生活垃圾年增长率在 8%～10%。

1.2.2　固体废物的分类

固体废物的种类繁多、性质各异,为了便于处理、处置及管理,需要对固体废物加以分类。固体废物的分类是根据其产生的途径与性质而定的,按其组成可分为有机废物和无机废物;按其形态可分为固态废物、半固态废物、液态废物和气态废物;按其对环境和人类健康的危害程度可分为一般废物和危险废物;按其来源的不同可分为城市生活垃圾、工业固体废物、农业固体废物和危险废物。固体废物的分类、来源和组成见表 1-1-1。

表 1-1-1　固体废物的分类、来源和组成

分　类	来　源	主要组成物
城市生活垃圾	居民生活	指家庭日常生活过程中产生的废物,如食物垃圾、纸屑、衣物、庭院修剪物、金属、玻璃、塑料、陶瓷、炉渣、灰渣、碎砖瓦、废器具、粪便、杂品、废旧电器等
	商业、机关	指商业、机关日常工作过程中产生的废物,如废纸、食物、管道、碎砌体、沥青及其他建筑材料、废汽车、废电器、废器具,含有易爆、易燃、腐蚀性、放射性的废物,以及类似居民生活垃圾的各种废物
	市政维护与管理	指市政设施维护和管理过程中产生的废物,如碎砖瓦、树叶、死禽死畜、金属、锅炉灰渣、污泥、脏土等
工业固体废物	冶金工业	指各种金属冶炼和加工过程中产生的废物,如高炉渣、钢渣、铜铅铬汞渣、赤泥、废矿石、烟尘、各种废旧建筑材料等
	矿业	指在各种矿物开发、加工利用过程中产生的废物,如废矿石、煤矸石、粉煤灰、烟道灰、炉渣等
	石油与化学工业	指石油炼制及其产品加工、化学工业产生的固体废物,如废油、浮渣、含油污泥、炉渣、碱渣、塑料、橡胶、陶瓷、纤维、沥青、油毡、石棉、涂料、化学药剂、废催化剂、农药等
	轻工业	指食品工业、造纸印刷、纺织服装、木材加工等轻工部门产生的废弃物,如各类食品糟渣、废纸、金属、皮革、塑料、橡胶、布头、线、纤维、染料、刨花、锯末、碎木、化学药剂、金属填料、塑料填料等
	机械电子工业	指机械加工、电器制造及其使用过程中产生的废弃物,如金属碎料、铁屑、炉渣、模具、砂芯、润滑剂、酸洗剂、导线、玻璃、木材、橡胶、塑料、化学药剂、研磨料、陶瓷、绝缘材料以及废旧汽车、冰箱、微波炉、电视、电扇等
	建筑工业	指建筑施工、建材生产和使用过程中产生的废弃物,如钢筋、水泥、黏土、陶瓷、石膏、石棉、砂石、砖瓦、纤维板等
	电力工业	指电力生产和使用过程中产生的废弃物,如煤渣、粉煤灰、烟道灰等

续表

分 类	来 源	主要组成物
农业固体废物	种植业	指农作物种植生产过程中的废弃物,如稻草、麦秸、玉米秸、根茎、落叶、烂菜、废农膜、农用塑料、农药等
	养殖业	指动物养殖生产过程中产生的废弃物,如畜禽粪便、死禽死畜、死鱼死虾、脱落的羽毛等
	农副产品加工业	指农副产品加工过程中产生的废弃物,如畜禽内容物、鱼虾内容物、未被利用的菜叶、菜梗和菜根、秕糠、稻壳、玉米芯、果皮、果壳、贝壳、羽毛、皮毛等
危险废物	核工业、化学工业、医疗单位、科研单位等	主要来自核工业、核电站、化学工业、医疗单位、制药业、科研单位等产生的废弃物,如放射性废渣、粉尘、污泥等,医院使用过的器械和产生的废物,化学药剂、制药厂药渣、废弃农药、炸药、废油等

1. 城市生活垃圾

城市生活垃圾又称城市固体废物,是指在城市居民日常生活中或为城市日常生活提供服务的活动中产生的固体废物。城市生活垃圾主要来自于城市居民家庭、商业、餐饮业、旅游业、服务业、市政环卫业、交通运输业、文教卫生业和行政事业单位、工业企业单位以及污水处理厂的其他零散垃圾等。城市生活垃圾主要包括厨余物、废纸、废塑料、废织物、废金属、废玻璃、陶瓷碎片、砖瓦渣土、粪便以及废家具、废电器、庭院废物等。

2. 工业固体废物

工业固体废物是指在工业、交通等生产活动中产生的固体废物。工业固体废物主要是来自各个工业生产部门的生产和加工过程及流通中所产生的粉尘、碎屑、污泥等。产生废物的主要行业有冶金工业、矿业、石油与化学工业、轻工业、机械电子工业、建筑业、能源工业和其他工业行业。典型的工业固体废物包括冶炼渣、化工渣、燃煤灰渣、废矿石、尾矿、金属、塑料、橡胶、化学药剂、陶瓷、沥青和其他工业固体废物。

3. 农业固体废物

农业固体废物是指在农业生产及其产品加工过程中产生的固体废物。农业固体废物主要来自于农业生产、畜禽饲养、植物种植业、动物养殖业和农副产品加工业,常见的有稻草、麦秸、玉米秸、稻壳、秕糠、根茎、落叶、果皮、果壳、畜禽粪便、死禽死畜、羽毛、皮毛、废农膜等。

4. 危险废物

危险废物是指列入国家危险废物名录或者根据国家规定的危险废物鉴别标准和鉴定方法认定的、具有危险特性的废物。危险废物主要来自核工业、化学工业、医疗单位、科研单位等。

危险废物主要来源于工业固体废物,部分来自于城市生活垃圾和农业固体废物。据估计,我国工业危险废物的产生量约占工业固体废物产生量的 $3\%\sim5\%$,主要分布在化学原料、化学制造业、采掘业、黑色金属冶炼、有色金属冶炼、石油加工、造纸业等工业部门;城市生活垃圾中有害废物主要是医院临床废物以及废日光灯管、废日用化工产品等;农业固体废物中的危险废物主要是喷洒的残余农药等。

　　危险废物常具有毒害性、爆炸性、易燃性、腐蚀性、化学反应性、传染性、放射性等一种或几种危害性。根据这些特性,大部分国家都制定了自己的鉴别标准和危险废物名录。我国制定了《国家危险废物名录》和《危险废物鉴别标准》(表 1-1-2)。详细内容见项目三危险废物无害化处理。

表 1-1-2　我国危险废物鉴别标准

危险特性	项　目		危险废物鉴别值
腐蚀性	浸出液 pH		≥12.5 或≤2.0
急性毒性初筛	小白鼠(或大白鼠)经口灌胃半致死量		1:1 配置浸出液,灌胃量小白鼠不超过 0.4 mL/20 g 体重,大白鼠不超过 1.0 mL/100 g 体重
浸出毒性	浸出液危害/(mg/L)	有机汞	不得检出
		汞及其化合物(以总汞计)	0.05
		铅(以总铅计)	3
		镉(以总镉计)	0.3
		总铬	10
		六价铬	1.5
		铜及其化合物(以总铜计)	50
		锌及其化合物(以总锌计)	50
		铍及其化合物(以总铍计)	0.1
		钡及其化合物(以总钡计)	100
		镍及其化合物(以总镍计)	10
		砷及其化合物(以总砷计)	1.5
		无机氟化物(不包括氟化钙)	50
		氰化物(以 CN^- 计)	1.0

1.3　固体废物的污染控制

1.3.1　固体废物污染环境的途径

　　固体废物是各种污染物的终态,浓缩了许多污染成分,其中的有毒有害物质可以通过环境介质——土壤、大气、地表或地下水体形成污染,成为土壤、大气、水体环境的污染源,具有潜在的、长期的危害。因此,固体废物,尤其是有害固体废物处理、处置不当,能通过各种途径对人体产生危害,同时破坏生态环境,导致不可逆的生态变化。固体废物污染环境的途径多,污染形式复杂。固体废物可直接或间接污染环境,其具体途径取决于固体废物本身的物理、化学和生物性质,而且与固体废物处置所在场地的地质、水文条件有关。有些废物可以通过蒸发直接进入大气,更多的是通过接触、浸入、饮用或食用受污染的水或食物进入人体。

例如,工矿业固体废物所含化学成分能形成化学物质型污染(图 1-1-1);人畜粪便和生活垃圾是各种病原微生物的滋生地,能形成病原体型污染(图 1-1-2)。

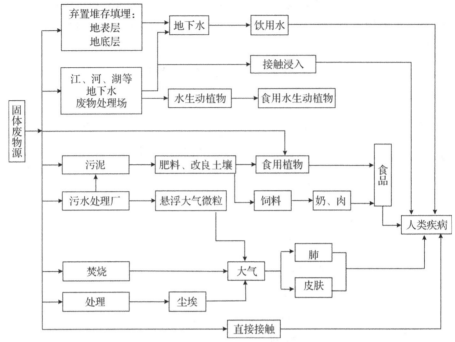

图 1-1-1　固体废物中化学物质致人疾病的途径

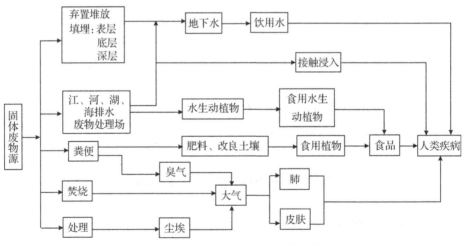

图 1-1-2　固体废物中病原微生物传播污染的途径

1.3.2　固体废物的污染特性与危害

固体废物具有数量大、种类多、性质复杂、产生源分布广泛等特点。固体废物对环境的污染既有即时性污染,又有潜伏性和长期性污染。固体废物一旦造成环境污染或潜在的污染变为现实的污染,消除这些污染往往需要比较复杂的技术和大量的资金投入,花费较大的代价进行治理,并且很难使被污染破坏的环境得到完全彻底的恢复。

1. 侵占土地

固体废物的产生量越大、处理量越少,其积累的存放量就越多,所需的存放面积也就越大。即使固体废物是填埋处置的,若不注重场地的选择评定以及场地的工程处理和填埋后的科学管理,废物中的有害物质还会通过不同途径进入环境,破坏生态环境,对人体产生危害。据估计,每堆积 1 万吨废渣约需占用 0.067 hm² 的土地。随着我国经济的发展和人们生活水平的提高,固体废物的产生量会越来越大,如果不进行及时有效的处理和利用,固体废物侵占土地的问题会变得更加严重。

2. 污染土壤

固体废物不加利用,任意露天堆放,不仅占用一定的土地,而且若填埋处置不当,固体废物及其渗滤液所含的有害物质对土壤会产生污染。它包括改变土壤的物理结构和化学性质,影响植物的营养吸收和成长;影响土壤中微生物的活动,破坏土壤内部的生态平衡;有害物质在土壤中发生累积,致使土壤中有害物质超标,妨碍植物生长,严重时导致植物死亡;有害物质还会通过食物链影响人体健康和饲养的动物。例如,20 世纪 70 年代,美国在密苏里州为了控制道路粉尘,曾把混有四氯二苯并二噁英(tetrachlorodibenzo-p-dioxin,TCDD)的淤泥废渣当作沥青铺设路面,造成土壤污染,土壤中 TCDD 浓度高达 300 mg/kg,污染深度达 60 cm,致使牲畜大批死亡,人们备受各种疾病折磨。在市民的强烈要求下,美国环保局同意全体市民搬迁,并花了 3 300 万美元买下该城市的全部地产,还赔偿了市民的一切损失。20 世纪 80 年代,我国包头市某处堆积的尾矿达 1 500 万吨,导致下游某乡的土地被大面积污染,居民被迫搬迁。

3. 污染水体

固体废物对水体的污染有直接污染和间接污染两种途径,前者是把水体作为固体废物的接纳体,向水体中直接倾倒废物,从而导致水体的直接污染;后者是固体废物可随地表径流进入河流、湖泊,或随风迁徙落入水体,将有毒有害物质带入水体,杀死水中生物,污染人类饮用水源,危害人体健康。我国仅燃煤电厂每年就向长江、黄河等水系排放灰渣达 500 万吨以上。一些电厂排放的灰渣已延伸到航道的中心,造成河床淤塞、水面减少、水体污染,影响通航,对水利工程设施造成威胁。我国有关资料表明,由于固体废物排进江河,20 世纪 80 年代的水面比 20 世纪 50 年代减少约 2 000 万亩。固体废物在堆积过程中,经雨水浸淋和自身分解产生的渗滤液危害更大,它可以进入土壤使地下水受污染,或直接流入江河、湖泊和海洋导致地表和地下水受污染,造成水资源的水质型短缺。水体被污染后会直接影响、危害水生生物的生存和水资源的利用,对环境和人类健康造成威胁。

4. 污染大气

露天堆放的固体废物中的细微颗粒、粉尘等可随风飞扬,进入大气并扩散到很远的地方,造成大面积的空气污染。例如,粉煤灰、尾矿堆场遇 4 级以上的风时,表层中直径在 1～1.5 cm 的粉末可飞扬到 20～50 m 的高度。固体废物在堆放、处理、处置过程中会产生有害气体,对大气产生不同程度的污染。露天堆放的固体废物会因有机成分的分解产生有味的气体,形成恶臭。城市生活垃圾经填埋处置后,其中的一些有机固体废物在适宜的温度和湿度下发生生物降解,释放出硫化氢等有害气体,若无填埋气体收集设施,这些有害气体就会

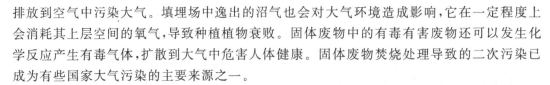

排放到空气中污染大气。填埋场中逸出的沼气也会对大气环境造成影响,它在一定程度上会消耗其上层空间的氧气,导致种植植物衰败。固体废物中的有毒有害废物还可以发生化学反应产生有毒气体,扩散到大气中危害人体健康。固体废物焚烧处理导致的二次污染已成为有些国家大气污染的主要来源之一。

5. 影响人类健康

固体废物,特别是有害固体废物在堆存、处理、处置和利用过程中,一些有害成分会通过水、大气、食物等多种途径被人类所吸收而危害人体健康。例如,生活垃圾携带的有害病原菌可传染疾病,对人体形成生物污染;工矿业废物所含化学成分可污染饮用水,对人体形成化学污染;垃圾焚烧过程中产生的粉尘会影响人们的呼吸系统,产生的二噁英有剧毒,若不处理或处理未达标过量排放,可直接导致人的死亡等。

6. 影响市容与环境卫生

根据国家发展改革委办公厅和住房城乡建设部办公厅关于征求《"十三五"全国城镇生活垃圾无害化处理设施建设规划(征求意见稿)》意见的函可知,截至 2015 年年底,全国城市生活垃圾无害化处理能力达到 75.8 万吨/日,比 2010 年增加 30.1 万吨/日,完成处理设施建设投资 963 亿元,全国城镇生活垃圾无害化处理率达到 90.21%,其中设市城市 94.10%,县城 79.0%,超额完成"十二五"规划确定的无害化处理率目标;但在县级及以下的城镇还有部分的垃圾、粪便未经无害化处理就进入环境,严重影响人们居住环境的卫生状况,导致传染病菌的繁殖,对人们的健康构成潜在的威胁;50%以上的工业废渣、垃圾未经处理露天堆放在厂区、城市街区角落等处,它们除了导致直接的环境污染外,还严重影响了厂区、城市的容貌和景观。"白色污染"是对环境和市容污染最明显的例子,如水体中漂浮的和树枝上悬挂的塑料袋就严重影响了城市景观,形成"视觉污染"。

1.3.3 固体废物的污染控制

固体废物的污染控制主要从以下几个方面着手。

1. 从源头削减固体废物污染

从污染源头开始,改进或采用更新的清洁生产工艺,尽量少排放或不排放废物,这是从根本上控制工业固体废物污染的主要措施。生产工艺落后、原料品位低、质量差是产生固体废物的主要原因,因而首先应当结合技术改造,从改革工艺着手,采用无废或少废的清洁生产技术,从发生源消除或减少污染物的产生。同时进行综合利用,从废物中提取有用成分,满足可持续发展战略的要求,取得经济、环境和社会的综合利益。

2. 进行无害化处理与处置

固体废物通过焚烧、热解等方式,改变废物中有害物质的性质,可使之转化为无害物质或使有害物质含量达到国家规定的排放标准。

3. 强化对危险废物污染的控制

对固体废物污染的控制,关键在于解决好废物特别是危险废物的处理、处置、综合利用等问题。对危险废物污染的控制,实行从产生到最终无害化处置全过程的严格管理,这是目前国际上普遍采用的经验。因此,实行对废物的产生、收集、运输、贮存、处理、处置或综合利用者的申报许可证制度;避免危险废物在地表长期存放,发展安全填埋技术;控制发展焚烧技术;严禁液态废物排入下水道;建设危险废物泄漏事故应急设施等,都是控制固体废物污染扩散的有效手段。

4. 做好宣传教育工作

加强有关固体废物污染环境知识的全民普及性教育,这是控制污染的必要措施之一。

城市生活垃圾的产生与城市人口、燃料结构、生活水平等息息相关,为有效控制生活垃圾的污染,可采取以下控制措施:

(1)鼓励城市居民使用耐用环保物质,拒绝使用假冒伪劣产品。

(2)加强宣传教育,积极推进城市生活垃圾分类收集制度。

(3)改进城市的燃料结构,提高城市的燃气化率。

(4)进行城市生活垃圾综合利用。

(5)进行城市生活垃圾的无害化处理和处置,通过焚烧处理、卫生填埋等无害化处理、处置措施,减轻污染。

1.4　固体废物的管理

1.4.1　固体废物管理的原则

《中华人民共和国固体废物污染环境防治法》提出了固体废物污染防治的"减量化、无害化、资源化"的基本原则和"全过程"管理原则。

1."三化"基本原则

我国固体废物污染控制工作起步较晚,技术力量及经济力量有限,在 20 世纪 80 年代中期提出了"资源化""无害化""减量化"作为控制固体废物污染的基本原则。

固体废物减量化的主要任务是通过适当的手段减少固体废物的数量和体积。这需从两方面入手:一方面减少固体废物的排出量,另一方面减少固体废物的容量。要达到固体废物减量化的目的,首先要尽量减少和避免固体废物的产生,从源头上解决问题,这也就是通常所说的"源削减";其次,要对产生的废物进行有效的处理和最大限度的回收利用,以减少固体废物的最终处置量。例如,采用清洁生产工艺可有效地减少生产过程中废物的产生;固体废物经粉碎、压缩处理后,体积会大大减少;垃圾经焚烧处理后,体积可减少 80%～90%,需要处置的灰渣量大大减少。需要强调的是,减量化不只是减固体废物的数量和体积,还包括尽可能地减少其种类,降低危险废物中有害成分的浓度,减轻或清除其危险性等。减量化是对固体废物的数量、体积、种类、有害性质的全面管理。同时,减量化也是防止固体废物污染环境优先考虑的措施。对我国而言,应当改变粗放经营的发展模式,鼓励和支持开展清洁生产,开发和推广先进的生产技术和设备,充分合理地利用原材料、能源、其他资源等,通过这些政策措施的实施,达到固体废物"减量化"的目的。

固体废物无害化的基本任务就是将固体废物通过工程处理,达到既不危害人体健康,又不污染周围自然环境(包括原生环境和次生环境)的目的。固体废物的无害化处理需要多种工程技术,包括物理、化学、生物技术等,如垃圾的焚烧、卫生填埋、堆肥、粪便的厌氧发酵、有害废物的热处理和解毒处理等。但是对废物进行无害化处理时也必须看到无害化处理的通用性是有限的,它们的使用都有其局限性,如焚烧垃圾需要垃圾具有较高的热值,发酵需要垃圾有机物含量高,而且它们通常会产生二次污染,如填埋会产生渗滤液,污染地下水,焚烧会产生致癌物质。

固体废物资源化的基本任务是采取工艺措施从固体废物中回收有用的物质和能源。通过资源化,可回收有用的物质和能源,在创造经济价值的同时节约资源,并减少固体废物的产生量。固体废物资源化包括以下3个方面的内容:

(1)物质回收,即从废弃物中回收二次物质。例如,从垃圾中回收纸张、玻璃、金属等。

(2)物质转换,即利用废弃物制取新形态的物质。例如,利用废玻璃生产铺路材料,利用炉渣生产水泥和其他建筑材料,通过堆肥化处理把城市生活垃圾转化成有机肥料等。

(3)能量转换,即从废物处理过程中回收能量,生产热能或电能。例如,通过有机废物的焚烧处理回收热量或进一步发电;利用垃圾厌氧消化生产沼气,并作为能源向居民和企业供热或发电等。

2."全过程"管理原则

固体废物全过程管理,即对固体废物的产生—收集—运输—综合利用—处理—贮存—处置实行全过程管理,在每一环节都将其作为污染源进行严格的控制。目前,解决固体废物污染控制的基本对策是避免产生(clean)、综合利用(cycle)、妥善处置(control)的所谓"3C"原则。另外,随着循环经济、生态工业园及清洁生产理论和实践的发展,有人提出了"3R"原则,即通过对固体废物实施减少产生(reduce)、再利用(reuse)、再循环(recycle)策略实现节约资源、降低环境污染及资源永续利用的目的。

1.4.2 固体废物管理体系

固体废物的管理是通过相应的管理体系进行的。我国固体废物管理体系是:以环境保护主管部门为主,结合有关的工业主管部门以及城市建设主管部门,共同对固体废物实行全过程管理。为实现固体废物的"减量化、无害化、资源化",各主管部门在所辖的职权范围内,建立相应的管理体系(图1-1-3)和管理制度。《中华人民共和国固体废物法》对各个主管部门的分工有着明确的规定。

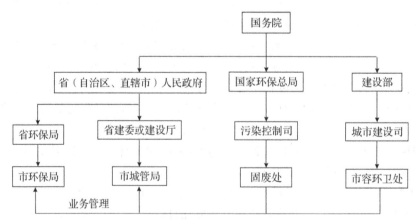

图 1-1-3 我国固体废物管理体系

1. 各级环境保护主管部门

国家环保部是全国最高环境保护主管部门,各级环境保护主管部门,即各级环保局,对固体废物污染环境的防治工作实施统一监督管理。各级环保主管部门的主要工作包括:

(1)负责对固体废物污染环境的防治工作实施统一监督管理,建立和完善固体废物环境管理网络。

(2)制定和贯彻执行有关固体废物污染防治的法律、法规、规章和政策,参与制定固体废物污染防治地方法规、规章和规范性文件,参与编制固体废物污染防治有关规划。

(3)负责工业固体废物申报登记管理和危险废物管理计划、应急预案等备案管理工作,组织开展固体废物污染防治专项调查工作,建立固体废物管理数据库。

(4)对固体废物的收集、贮存、转移、交换、运输、利用、处置等工作进行技术指导和监督管理。

(5)负责危险废物经营许可证及固体废物进口审批工作中的技术审查工作,承担对固体废物环境风险评价,负责实施危险废物转移联单制度及跨省、市危险废物转移联单初审工作。

(6)负责组织对固体废物综合处理或集中处置单位的现场监管;参与固体废物综合处理或集中处置建设项目的审查及项目竣工验收;参与固体废物污染防治设施的"三同时",跟踪监督管理执行情况;参与固体废物有关限期治理项目的监督管理和验收;参与对固体废物污染防治设施运行情况的现场监督检查。

(7)协助省环保局处理全省固体废物污染环境事故,对违反固体废物法律、法规和规章的行为进行查处,根据实际情况实施危险废物代处置工作。

(8)组织开展固体废物"减量化、资源化、无害化"有关政策调研工作,开发和推广能够减少固体废物产生量和危害性的先进生产工艺、技术和设备;负责组织固体废物产生单位和经营单位有关人员的专业技术培训和上岗培训;承担环境风险评价等固体废物污染防治技术咨询服务工作。

2. 国务院、地方人民政府有关部门

国务院有关部门、地方人民政府有关部门是指国务院、各地人民政府下属有关部门,如工业、农业、交通等部门,负责本部门职责范围内的固体废物污染环境防治的监督管理工作。国务院、地方人民政府有关部门的主要工作包括:

(1)对所管辖范围内的有关单位的固体废物污染环境防治工作进行监督管理。

(2)对造成固体废物严重污染环境的企业单位进行限期治理。

(3)制定防治工业固体废物污染环境的技术政策,组织推广先进的防治工业固体废物污染的生产工艺和设备。

(4)制定工业固体废物污染环境防治工作规划。

(5)组织建设工业固体废物和危险废物的贮存、处理、处置设施。

3. 各级人民政府环境卫生行政主管部门

由于城市生活垃圾是各城市都存在的、与人民生活密切相关的环境问题,因此各级人民政府一般都设有专门负责城市生活垃圾管理工作的环境卫生行政主管部门,即"环卫局"。环卫局专门负责城市生活垃圾的清扫、贮存、运输、处理、处置等具体工作,包括:

(1)制定和贯彻有关市容环境卫生工作的方针、政策和法律、法规、规章,并组织实施有关法规、规章和政策。

(2)根据国民经济和社会发展总体规划、城市总体规划的要求,编制市容环境卫生专业规划及中、长期发展规划和年度计划,并组织实施;起草并组织实施市容环境卫生的地方标准。

(3)统一管理市容环境卫生工作;依法对市容环境卫生实施监督检查,负责市容环境卫生执法监察的监督和管理。

(4)负责生活废弃物和特定污染物的管理,负责本市市容环境卫生配套设施的管理。

1.4.3 固体废物管理的法律、法规

解决固体废物污染控制问题的关键之一是建立和健全相应的法规、标准体系。20 世纪 70 年代以来,人们逐步加深了对固体废物环境管理重要性的认识,不断加强对固体废物的科学管理,并从组织机构、环境立法、科学研究、财政拨款等方面给予支持和保证。

许多国家开展了固体废物及其污染状况的调查,并在此基础上制定和颁布了固体废物管理的法规和标准。

世界各国的固体废物管理法规都经历了一个漫长的、从简单到完善的过程。美国在 1965 年制定的《固体废物处置法》是第一个关于固体废物的专业性法规,该法在 1976 年修改为《资源保护和回收法》(RCRA),并分别于 1980 年和 1984 年经美国国会加以修订,日臻完善,迄今已成为世界上最全面、最详尽的关于固体废物管理的法规之一。根据 RCRA 的要求,美国环境保护局(Environmental Protection Agency,EPA)又颁布了《有害固体废物修正案》(HSWA),其内容共包括九大部分及大量附录,每一部分都与 RCRA 的有关章节相对应,实际上是 RCRA 的实施细则。为了清除已废弃的固体废物处置场对环境造成的污染,美国又于 1980 年颁布了《综合环境对策保护法》(CER-CLA),俗称《超级基金法》。日本关于固体废物管理的法规主要是 1970 年颁布并经多次修改的《废弃物处理及清扫法》,迄今已成为包括固体废物资源化、减量化、无害化以及危险废物管理在内的相当完善的法规体系。此外,日本还于 1991 年颁布了《促进再生资源利用法》,对促进固体废物的减量化和资源化起到了重要作用。

我国有关固体废物管理的法律、法规大致可分为国家法律、行政法规和签署的国际公约三大方面。

1. 国家法律

我国全面开展环境立法的工作始于 20 世纪 70 年代,在 1978 年的《宪法》中,首次提出了"国家保护环境和自然资源,防止污染和其他公害"的规定,1979 年颁布了《中华人民共和国环境保护法(试行)》,1989 年通过了《中华人民共和国环境保护法》,这是我国环境保护的基本法,对我国环境保护工作起着重要的指导作用。《中华人民共和国固体废物污染环境防治法》(简称《固体废物法》)是我国固体废物管理方面最重要的国家法律,它于 1995 年 10 月 30 日由第八届全国人大常委会十六次会议通过,并于同日以第 58 号国家主席令予以公布,自 1996 年 4 月 1 日起实施。该法于 2004 年经第十届全国人大常委会第十三次会议予以修订通过,修订的《固体废物法》共分为 6 章,内容涉及总则、固体废物污染环境防治的监督管理、固体废物污染环境的防治、工业固体废物污染环境的防治、生活垃圾污染环境的防治、危

险废物污染环境防治的特别规定、法律责任及附则等,这些规定从 2005 年 4 月 1 日起正式成为我国固体废物污染环境防治及管理的法律依据。《固体废物法》根据中国的实际情况,并借鉴了国外固体废物管理的经验,提出了我国固体废物污染防治的主要原则,即对固体废物实行全过程管理,对固体废物实行减量化、资源化、无害化,对危险废物实行严格控制和重点防治等。

2. 行政法规

《固体废物法》是我国固体废物管理最重要也是最基本的国家法律。此外,国家环境保护总局和有关部门还单独颁布或联合颁布了一系列的行政法规,如《城市市容和环境卫生管理条例》《城市生活垃圾管理方法》《关于严格控制境外有害废物转移到我国的通知》《防治尾矿污染管理方法》《关于防治铬化废物生产建设中环境污染的若干规定》等。这些行政法规都是以《固体废物法》中确定的原则为指导,结合具体情况,针对某些特定污染物制定的,它们是《固体废物法》在实际中的具体应用。

3. 国际公约

目前,环境污染已不仅仅是某个国家的问题,而正在变成一个全球性的问题。我国已加入世界贸易组织,我国将越来越多地参与国际范围的环境保护工作,已签署并将继续签署越来越多的国际公约。例如,在 1990 年 3 月,我国政府就签署了《控制危险废物越境转移及其处置巴塞尔公约》。

1.4.4　固体废物管理制度

根据我国国情并借鉴国外的经验和教训,《固体废物法》制定了一些行之有效的管理制度。

1. 分类管理

固体废物具有量多面广、成分复杂的特点,需要对城市生活垃圾、工业固体废物和危险废物分别进行管理。《固体废物法》第五十八条规定:"禁止混合收集、贮存、运输、处置性质不相容而未经安全性处置的危险废物,禁止将危险废物混入非危险废物中贮存。"

2. 工业固体废物申报登记制度

为了使环境保护部门掌握工业固体废物和危险废物的种类、产生量、流向以及对环境的影响等情况,进而进行有效的固体废物全过程管理,《固体废物法》要求实施工业固体废物申报登记制度。

3. 固体废物污染环境影响评价制度及其防治设施的"三同时"制度

环境影响评价制度是指对可能影响环境的工程建设、开发活动和各种规划,预先进行调查、预测和评价,提出环境影响及防治方案的报告,经主管当局批准才能进行建设。"三同时"制度是指新建、改建、扩建项目以及区域开发建设项目的防治污染和其他公害的设施以及综合利用设施必须与主体工程同时设计、同时施工、同时投产使用的制度。环境影响评价和"三同时"制度是我国环境保护的基本制度,《固体废物法》重申了这一制度。

4. 排污收费制度

固体废物污染与废水、废气污染有着本质的不同,废水、废气进入环境后可以在环境中经物理、化学、生物等途径稀释、降解，并且有着明确的环境容量。而固体废物进入环境后，不易被环境所接受，其稀释、降解往往是个难以控制的复杂而长期的过程。严格地说，固体废物严禁不经任何处理与处置排入环境当中。固体废物排污费的交纳，则是对那些在按规定或标准建成贮存设施、场所前产生的工业固体废物而言的。例如，《排污费征收标准管理方法》中规定：①对无专用贮存或处置设施和专用贮存或处置设施达不到环境保护标准（即无防渗漏、防扬散、防流失设施）排放的工业固体废物，一次性征收固体废物排污费。每吨固体废物的征收标准为：冶炼渣 25 元、粉煤灰 30 元、炉渣 25 元、煤矸石 5 元、尾矿 15 元、其他渣（含半固态、液态废物）25 元。②对以填埋方式处置危险废物不符合国家有关规定的，危险废物排污费征收标准为每次每吨 1 000 元。

5. 限期治理制度

《固体废物法》规定，没有建设工业固体废物贮存或者处置设施、场所，或者已建设但不符合环境保护规定的单位，必须限期建成或者改造。实行限期治理制度是为了解决重点污染源污染环境问题。对于排放或处理不当的固体废物造成环境污染的企业和责任者，实行限期治理，是有效防治固体废物污染环境的措施。限期治理就是抓住重点污染源，集中有限的人力、财力和物力，解决最突出的问题。如果限期内不能达到标准，就要采取经济手段甚至停产。

6. 进口废物审批制度

《固体废物法》明确规定："禁止中华人民共和国境外的固体废物进境倾倒、堆放、处置""禁止经中华人民共和国过境转移危险废物""禁止进口不能用作原料或者不能以无害化方式利用的固体废物；对可以用作原料的固体废物实行限制进口和自动许可进口分类管理"。为贯彻这些规定，国家环境保护部、对外贸易经济合作部、国家工商行政管理总局、海关总署和国家进出口商品检验检疫总局于 1996 年联合颁布《废物进口环境保护管理暂行规定》以及《国家限制进口的可用作原料的废物名录》，规定了废物进口的三级审批制度、风险评价制度、加工利用单位定点制度等。在这些规定的补充规定中，又规定了废物进口的装运前检验制度。通过这些制度的实施，有效地遏止了曾受到国内瞩目的"洋垃圾入境"的势头，维护了国家尊严和国家主权，防止了境外固体废物对我国的污染。

7. 危险废物行政代执行制度

由于危险废物具有害特性，其产生后如不进行适当的处置而任由产生者向环境排放，则可能造成严重危害，因此必须采取一切措施保证危险废物得到妥善的处理和处置。《固体废物法》规定："产生危险废物的单位，必须按照国家有关规定处置危险废物，不得擅自倾倒、堆放；不处置的，由所在地县级以上地方人民政府环境保护行政主管部门责令限期改正；逾期不处置或处置不符合国家有关规定的，由所在地县级以上地方人民政府环境保护行政主管部门指定单位，按照国家有关规定代为处置，处置费用由产生危险废物的单位承担。"行政代执行制度是一种行政强制执行措施，这一措施保证了危险废物能得到妥善、适当的处置。处置费用由危险废物产生者承担，也符合我国"谁污染、谁治理"的原则。

8. 危险废物经营许可证制度

危险废物的危险性决定了并非任何单位和个人都可以从事危险废物的收集、贮存、处理、处置等经营活动，必须由具备一定设施、设备、人才和专业技术能力并通过资质审查获得经营许可证的单位进行危险废物的收集、贮存、处理、处置等经营活动。《固体废物法》规定："从事收集、贮存、处置危险废物经营活动的单位,必须向县级以上人民政府环境保护行政主管部门申请领取经营许可证。"许可证制度将有助于我国危险废物管理和技术水平的提高,保证危险废物的严格控制,防止危险废物污染环境的事故发生。

9. 危险废物转移报告单制度

危险废物转移报告单制度也称为危险废物转移联单制度,建立这一制度是为了保证运输安全、防止危险废物的非法转移和非法处置,保证对危险废物的安全监控,防止污染事故的发生。

1.4.5　固体废物的经济政策

固体废物管理的经济政策有多种,这些经济政策的制定依各国国情的不同有很大的区别。从总体上讲,我国目前在用经济手段管理固体废物方面的力度不大,但未来将向这方面发展。这里介绍几项国外普遍采用的主要经济政策,其中部分已在我国开始实施。

1. "垃圾收费"政策

城市生活垃圾排放和垃圾处理费用不断增加,给城市生活垃圾管理和国家财政带来很大压力。很多国家先后实行了垃圾收费制度,以达到补偿垃圾处理费用和促进垃圾源头减量的双重目标。日本于 1990 年实施了垃圾收费制,韩国从 1995 年开始实行"垃圾计量收费制",这些收费制度实行后,两国的垃圾产生量明显减少。我国从 2002 年起开始实行垃圾收费制度,它一方面可解决我国城市生活垃圾服务系统的运行费用问题,另一方面也有利于促使每个家庭和有关企业减少垃圾的产生量,是一项促使垃圾"减量化"的重要经济政策。

2. "生产者责任制"政策

"生产者责任制"是指产品的生产者(或销售者)对其产品被消费后所产生的废弃物的管理负有责任。发达国家对易回收废物、有害废物等一般都制定再生利用的专项法规或者强制回收政策。例如,对包装废物,规定生产者首先必须对其商品所用包装的数量或质量进行限制,尽量减少包装材料的用量;其次,生产者必须对包装材料进行回收和再生利用。发达国家城市生活垃圾中废弃包装物所占比例较大(30%~40%),通过生产者负责对包装物用量的限制和对废弃包装物的回收利用,可大大减少废弃包装物的产生,节约资源,效果非常显著。美国加州对汽车蓄电池也采取了这种政策,它要求顾客在购买新的汽车电池时,必须把旧的汽车电池同时返还到汽配商店,汽配商店才可以向顾客出售新的汽车电池,收回的旧电池再由汽配商店交给生产者或专门的机构安全处理,这样就可避免消费者对汽车电池的随意丢弃,避免对环境的污染。

3. "押金返还"制度

"押金返还"制度是指消费者在购买产品时,除了需要支付产品本身的价格外,还需要支付一定数量的押金,产品被消费后,其产生的废弃物返回到指定地点时,可赎回已支付的押金。"押金返还"制度是国外广泛采用的经济管理手段之一。对于易回收物质、有害物质等,采取"押金返还"制度可鼓励消费者参与物质的循环利用,减少废物的产生量,避免有害废物对环境的危害。美国加州对易拉罐饮料就采取了这种制度,它要求顾客在购买易拉罐饮料时额外支付每罐 5 美分的押金,顾客消费后把易拉罐返回回收中心时,可把这 5 美分的押金收回。

4."税收、信贷优惠"政策

"税收、信贷优惠"政策就是通过税收的减免、信贷的优惠,鼓励和支持从事固体废物管理的企业,促进环保产业长期稳定发展。由于固体废物的管理带来更多的是社会效益和环境效益,经济效益相对较低,甚至完全没有,因此,就需要国家在税收和信贷等方面给予政策优惠,以支持相关企业和鼓励更多的企业从事这方面的工作。例如,对回收废物和资源化产品的出售减免增值税,对垃圾的清运、处理、处置以及已封闭垃圾处置场地的地产开发实行财政补贴,对固体废物处理、处置工程项目给予低息或无息优惠贷款等。

5."垃圾填埋费"政策

"垃圾填埋费"有时又称"垃圾填埋税",它是指对进入填埋场最终处置的垃圾进行再次收费,其目的在于鼓励废物的回收利用,提高废物的综合利用率,以减少废物的最终处置量,同时也是为了解决填埋土地短缺的问题。"垃圾填埋费"政策是用户付费政策的继续,它是对垃圾采用填埋方式进行限制的一种有效的经济管理手段,这种政策在欧洲国家使用较为普遍。

1.5 固体废物管理的技术标准

我国固体废物国家标准基本由国家环保部和建设部在各自的管理范围内制定。建设部主要制定有关垃圾清运、处理、处置方面的标准,国家环保部负责制定有关废物分类、污染控制、环境监测和废物利用方面的标准。经过多年的努力,我国已初步建立了固体废物标准体系,它主要分为四大类,即固体废物分类标准、固体废物监测标准、固体废物污染控制标准和固体废物综合利用标准。

1.5.1 固体废物分类标准

固体废物分类标准主要用于对固体废物进行分类,主要包括《国家危险废物名录》《危险废物鉴别标准》《城市生活垃圾产生源分类及垃圾排放》《进口废物环境保护控制标准(试行)》等。

1.5.2 固体废物监测标准

固体废物监测标准主要用于对固本废物环境污染进行监测,主要包括固体废物的样品采集、样品制备、样品处理、样品分析标准等。由于固体废物对环境的污染主要是通过渗滤液和散发的气体释放进行的,因此对这些释放物的监测还应按照废水和废气的有关监测方法进行。这类标准主要有《固体废物浸出毒性测定方法》《固体废物检测技术规范》《生活垃圾分拣技术规范》《城市生活垃圾采样与物理分析方法》《工业固体废物采样制样技术规范》《危险废物鉴别标准》《生活垃圾填埋场环境监测技术标准》等。固体废物还可通过渗滤液和散发气体对环境进行二次污染,因此对于这些释放物的监测还应该遵循相关的废水和废气的监测标准。

1.5.3 固体废物污染控制标准

固体废物污染控制标准是对固体废物污染环境进行控制的标准,它是进行环境影响评价、环境治理、排污收费等管理手段的基础,因而是所有固体废物标准中最重要的标准。固体废物污染控制标准分为两大类,一是废物处理、处置控制标准,即对某种特定废物的处理、处置提出的控制标准和要求,如《含多氯苯废物污染控制标准》《有色金属固体废物污染控制标准》《建筑材料用工业废渣放射性限制标准》《农用粉煤灰中污染物控制标准》《城镇垃圾农用控制标准》等。另一类是废物处理设施的控制标准,如《城市生活垃圾填埋污染控制标准》《城市生活垃圾焚烧污染控制标准》《危险废物安全填埋污染控制标准》《一般工业固体废物贮存、处置场污染控制标准》等。

1.5.4　固体废物综合利用标准

固体废物资源化在固体废物管理中具有重要的地位。固体废物综合利用标准是国家对垃圾处理、处置技术进行总体规划和指导的总纲,在一定程度上指导着处理、处置技术的发展方向。为大力推行固体废物的综合利用技术,并避免在综合利用过程中产生二次污染,国家环保部正在制定一系列有关固体废物综合利用的规范、标准。首批要制定的综合利用标准包括有关电镀污泥包、含铬废渣、磷石膏等废物综合利用的规范和技术标准,以后还将根据技术的保护需要陆续制定各种固体废物综合利用的标准。

1.6　中国固体废物的管理现状

中国固体废物管理工作起步较晚,由于固体废物污染环境的滞后性和复杂性,人们对固体废物的管理不够重视,因此长期以来没有形成完整的、有效的固体废物管理体系。《中华人民共和国固体废物污染环境防治法》的颁布与实施标志着中国对固体废物污染的管理从此走上了法制化的轨道,但由于各项行之有效的配套措施尚待完善,各工矿企业部门对固体废物处理尚需一个适应的过程,特别是有害固体废物任意丢弃,缺少符合标准的有害固体废物填埋场。因此,根据中国对固体废物的管理实践,并借鉴国外的经验,应从以下几方面做好中国的固体废物管理工作:一是要划分有害固体废物与非有害固体废物的种类;二是要逐步完善固体废物法规,加大执法力度;三是采取综合措施,提高管理效率。

固体废物管理还应遵循综合化(integrated)和层次化(hierarchy)的指导方针。所谓综合化,是指固体废物的管理应覆盖从产生源、收集与贮存、加工、运输与转运、中间加工利用与处理直到最终处置的全过程;层次化是管理的优先次序(图 1-1-4),城市固体废物管理最优先层次应是产生源减量,其次是收集过程中的分类、直接回收与再利用,最后才是最终的与环境相容的处置。

减量化(reduction):一般是指通过实施适当的技术,一方面减少固体废物的排出量,另一方面在固体废物后续处理过程中减少固体废物容量。此处更侧重于前者,即在源头控制固体废物的产量。

再利用(reuse):是指产品品质下降或形成固体废物,直接将该物质进行二次使用或作为其他功能利用。

再循环(recycling):固体废物经过简单的拆解、破碎、分选等物理处理,回收其中有价值资源的过程。

再回收(recovery):固体废物经过生物、化学等处理方式,回收其中高价值成分或能量的过程。

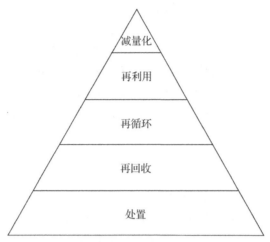

图 1-1-4　固体废物管理的层次

现代固体废物的管理是法规化和制度化的管理。通过一系列法律、法规的设立和与之相配的管理制度和技术标准实施,政府、法人、自然人明确自己在废物管理方面的责任、义务和行为准则,通过运用法律的手段管理环境,取得全社会一致遵行的效果,从而确保固体废物管理工作的顺利开展。

【任务实施】

通过实地调查校园产生的固体废物,仿照表 1-1-3,按来源制定固体废物分类清单。

表 1-1-3　固体废物分类清单

场　所	固体废物	废物类别
行政楼	废纸(打印、复印纸必须在两面使用后才能丢弃)	生活垃圾
	废墨盒	危险废物
	废塑料杯、矿泉水瓶	生活垃圾

【考核与评价】

考查学生能否结合固体废物分类,制定出正确、全面的固体废物分类清单。
(1)分析清单中分类的正确性。
(2)分析各种固体废物所属类别的正确性、全面性。

【讨论与拓展】

各小组就固体废物分类清单制定实施过程中出现的问题和获得的经验进行讨论。

任务 2　城市生活垃圾分类收集方案设计

【任务描述】

闽西职业技术学院占地 1 000 多亩,其中南校区生活垃圾主要来自公共场所(学生宿舍、田径运动场、道路、食堂、教学楼、实训楼、图书馆、行政楼)、居民家庭(教工宿舍)等,每天产生生活垃圾约 8 t,通过收集后临时存放于校内两处临时贮存点,然后由承包者统一运送至曹溪垃圾中转站。请针对该校园生活垃圾设计收集方案,包含公共场所垃圾桶及存放点、运输至临时存放点的收集车、路线、收集频率等内容。

【知识点】

城市生活垃圾的产生源分散在大街小巷、每栋楼房和每个家庭,其组分复杂,通常需要调查和分析其性质,确定合理的收运和综合处理方案。

城市生活垃圾的收运是城市生活垃圾处理系统的第一步,也是城市固体废物管理的核心。据统计,垃圾收运费要占到整个垃圾处理系统费用的 60%～80%。因此,科学地制定合理的收运计划和线路,是提高收运效率、降低垃圾处置成本的关键。

2.1　城市生活垃圾的来源与产生

2.1.1　城市生活垃圾的来源与分类

城市生活垃圾是指在城市日常生活中或者为城市日常生活提供服务的活动中产生的固体废物以及法律、行政法规规定视为城市生活垃圾的固体废物。在《城市生活垃圾管理办法》(建设部令第 27 号)中规定,城市生活垃圾是指城市中的单位和居民在日常生活及为生活服务中产生的废弃物,以及建筑施工活动中产生的垃圾。城市生活垃圾来源于城市日常生活及其相关服务,其中,生产部门、医药卫生部门所产生的有毒、有害物品属于危险废物,按规定是不能进入城市生活垃圾流的,而应予以专门收运和处理;城市建筑行业中所产生的建筑废弃物,如废砖石、水泥砌块等也需单独运输和处理,这类废弃物通常可用于填洼或筑路等;玻璃、金属、废纸、塑料、纤维等物质,称为可回收废品,可通过分类回收重新进入生产领域;最后剩余的才是城市生活垃圾收运的主要对象。

由于城市生活垃圾构成复杂,因此在城市生活垃圾管理及研究上可根据不同的目的对城市生活垃圾进行分类。

1. 按垃圾产生源分类

城市生活垃圾如果以清扫为目的,则经常按垃圾产生源来分类,见表 1-2-1。此方法有利于针对不同产生源垃圾的特性进行处理、管理和处置。

2. 按垃圾构成比例分类

城市生活垃圾如果以研发为目的,则经常按构成比例分类,见表 1-2-2。此法是开展垃圾研究调查所采用的分类法,它便于掌握城市生活垃圾的基本构成及基本特性。

3. 按可处理性分类

城市生活垃圾按可处理性分类,见表1-2-3。此法是根据当今世界上常见的几种垃圾处理技术所适用的垃圾种类来进行划分的。

表1-2-1 垃圾产生源分类

种 类		特点描述	来 源
居民垃圾	平房	大量的蔬菜、食品废物、炉灰、少量的纸、塑料袋	胡同
	高楼	主要成分为食品废物、少量的纸、塑料袋、玻璃瓶、罐头盒	高楼小区、宿舍
	公寓	大量的纸类、食品、塑料包装、花木、玻璃瓶、罐头盒、织物	公寓、使馆
	街道	街道清扫物,如灰土、纸、树叶、草	街道
商业垃圾	商场	大量的包装纸、纸板、扫地木屑、塑料盒(袋)、食品、竹筐、草筐等	
	饭店	大量的报纸、包装纸、食品、玻璃瓶、塑料袋(瓶)、织物	
	机关	食堂废物、办公室扫集物、文件纸、烟头、花木、玻璃瓶、塑料袋	
	公园	花木、草地废物、灰土、罐头盒、纸盒、食品、玻璃瓶、塑料袋	
	医院	含大量的废纸、食品、棉花、纱布、玻璃瓶、花木、废物	医疗区
	机场	含大量的纸袋、塑料袋、塑料餐具、纸巾、食品罐头盒	交通枢纽
	火车站	含大量的扫地木屑、包装纸、食品、塑料袋	
事业垃圾	办公楼	各种印刷材料、文件、复印纸、油印纸、复写纸、塑料袋、花草、食品	行政事业单位、研究院所、学校
	学院	纸张、灰土、花木废物、玻璃器具、灯管、灯泡及其他实训用品	
工业垃圾	工地	建筑垃圾:砖瓦、灰土、石子、沙子、水泥块、废木料、金属架等	施工现场、生产车间
	车间	由被加工物决定它的种类,一般为金属、塑料	

表1-2-2 垃圾构成比例分类　　　　　　　　　　　　单位:%

有机物		无机物		废 品				
植物	动物	砖瓦	灰土	纸类	金属	塑料	玻璃	布料
43.1	1.9	1.5	40.0	2.6	0.4	5.7	2.5	2.3

表1-2-3 垃圾可处理性分类

垃圾种类	特性描述	来 源
回收垃圾(废品)	含有大量可回收利用的废旧物资	公寓区、事业区、商业区
焚烧垃圾	含大量可燃物	公寓区、事业区、商业区
堆肥垃圾	含大量的生物类有机物	居民区、垃圾场
填埋垃圾	一切废物及处理后的最终产物都可作为填埋垃圾	城市的各种区域及垃圾处理场

2.1.2　城市生活垃圾的产生量及影响因素

影响生活垃圾的产生量的主要因素包括人口、经济发展水平、民用燃料结构、气候条件、商品包装化、一次性商品销售等。通过对城市生活垃圾的影响因素分析,可以预测城市生活垃圾产生量和组分的发展趋势,为城市生活垃圾的运收、处理提供参考。城市生活垃圾各组分的来源及其影响因素见表 1-2-4。

表 1-2-4　城市生活垃圾各组分来源及其影响因素

垃圾种类	易腐有机物	金属、塑料、玻璃、纸类	布　类	竹　木	灰　土
主要来源	家庭、餐饮业	包装材料、团体办公用品	废旧衣物	废旧家具、绿化垃圾	煤灰、清扫灰土
影响因素	人口、居民食品消费	人口、居民消费、废品回收	人口、居民衣物消费	人口、居民生活消费	街道清扫面积、气化率、集中供热面积、气候

从表 1-2-4 中城市生活垃圾各组分的影响因素可知,城市生活垃圾中非灰土组分主要在居民日常生活消费的过程中产生,其含量由居民消费水平和消费习惯决定,而灰土组成的含量主要受街道清扫面积和能源结构即城市建设发展状况指标的影响。大多城市基础建设趋于稳定,街道清扫面积变化不大,集中供暖率较高,居民燃料结构已由燃煤转为燃气,灰土含量低,变化小。可见,影响生活垃圾产生量的因素主要包括人口、居民生活水平和城市发展建设状况。

2.1.3　城市生活垃圾产生量的预测

人口和居民消费是未来影响生活垃圾产生量和组分的主要因素。由于各地区居民消费习惯不同,可以通过组分调查来估算各地区生活垃圾人均日产生量及其组分比例,因此生活垃圾产生量一般根据人口和生活垃圾人均日产生量进行预测,即

$$W = MP$$

式中　W——垃圾产生量,kg/d;

M——人均垃圾产生量,kg/(人·d);

P——规划人口数,人。

另外,垃圾产生量与经济发展水平有一定的关系(总体上说,经济越发达,人均垃圾产生量越高),但由于世界各地经济发展水平、自然条件、生活习惯方式等不同及其他因素的影响,人均垃圾产生量的变化范围较大。因此,城市生活垃圾的产生量的预测既要符合国情,还要符合各地方的情况。

2.2　城市生活垃圾的分类收集

2.2.1　城市生活垃圾分类收集的必要性

目前,我国大部分城市生活垃圾还是采用混合收集法。在居民区一般都建有垃圾房,居民将家中垃圾装袋后放入其中,每天由环卫工人或垃圾车将这些垃圾运往垃圾中转站;在公共场所或马路两边,分段设置垃圾箱,由专人定时清理,最后由中转站运往填埋场。目前我

国每吨垃圾所需的处理费用为 80 元左右,费用较高,传统的收集方法不仅污染城市环境,而且也给地方政府带来了巨大的经济负担。要彻底解决此问题,关键是从源头做主动处理,进行分类收集,从循环经济的角度出发,实现"自然资源—产品和用品—再生资源"的循环利用,从源头减量化、资源化,减少后续收运、处理和处置的垃圾量,降低处理成本。

城市生活垃圾的分类收集是一项系统工程,是从垃圾产生的源头按照垃圾的不同性质、不同处置方式的要求,将垃圾分类后收集、贮存及运输。根据"减量化、无害化、资源化"的原则,垃圾分类越细,越有利于垃圾的回收利用和处理。生活垃圾分类收集可有效地实现废物的重新利用和最大限度的废品回收,为卫生填埋、生化处理、焚烧发电、资源综合利用等先进的垃圾处理方式的应用奠定基础。因此,只有从源头上减少垃圾的产生,对垃圾进行分类收集、分类运输、分类处理、循环利用,最后以与环境相容的方式处置才是垃圾管理的正确方向。

2.2.2 我国城市生活垃圾分类现状及效益分析

1. 我国城市生活垃圾分类现状

我国于 20 世纪 90 年代开始探索生活垃圾分类工作。始于 1995 年的上海市生活垃圾分类工作,发展至今经历了分类模式的多次调整,如将垃圾分类为"有机垃圾、无机垃圾、有毒有害垃圾","干垃圾、湿垃圾、有害垃圾","废玻璃、有害垃圾、可燃垃圾","可堆肥垃圾、有害垃圾、其他垃圾"以至目前正在分步推广的"干湿"分类等。根据国家建设部《城市生活垃圾分类及其评价标准》(CJ/T 102—2004),将城市生活垃圾分为可回收物、大件垃圾、可堆肥垃圾、可燃垃圾、有害垃圾及其他垃圾六大类。2004 年 4 月,为进一步贯彻实施《固体废物污染环境防治法》《城市市容和环境卫生管理条例》等法律、法规,建设部颁布了《关于公布生活垃圾分类收集试点城市的通知》,建设部选定北京、上海、广州、南京、深圳、杭州、厦门和桂林 8 个城市作为垃圾分类收集的试点城市,进行分类收集的重点是废纸、塑料、金属和有毒有害的废电池。这些试点城市结合各地实际在推行生活垃圾分类收集的实践过程中,探索出了一些具有地方特色的分类收集方法和实施原则,垃圾分类工作初见成效。例如,北京市目前将公共场所垃圾大多分为可回收垃圾与其他垃圾两大类,住宅小区内大多分为可回收垃圾、餐厨垃圾与其他垃圾三大类。同时在垃圾收费方面进行了一些细化,2012 年 3 月 1 日后施行的《北京市生活垃圾管理条例》中明确提出,对垃圾分类进行测评和监督。谁排放、谁付费,多排放、多付费,混合排放多付费,分类排放少付费的原则,进行量化收取垃圾费用,改变过去死板的按户收费方式。又如,厦门市同样是将试点工作侧重点放在了垃圾分类管理体制改革上,分级建立了生活垃圾全过程管理以及配套的综合处理系统,立足于"村收集、区运输、市处理"三级体系。垃圾日产日清,厦门城市垃圾的清运率已达 100%。厦门市从实际出发成立了许多诸如生活垃圾分类处理厂的垃圾分类管理机构或公司,极力促进了垃圾分类市场化运行。

但是,这些试点城市在进行分类收集的过程中还存在很多问题。例如,分类工作过程中,更多的是重视分类收集。而垃圾分类工作是一项系统工程,只有实现收集、运输、处置的"三分类"才算真正意义上的分类。目前普遍存在的现象往往是垃圾虽然实行分类收集,但在运输环节,由于运输成本、车辆配套等原因,又将分类收集的垃圾混合运输。另外,我国的垃圾分类还仅限于居民区的分类收集,在运输、处置等环节发展还不够成熟。因此,探索垃圾的分类运输,特别是垃圾的最终分类处置是要解决的首要问题。

2. 分类收集的效益

据统计,每利用 1 t 废纸,可造纸 800 kg,相当于节约木材 4 m³ 或少砍伐 30 年树龄的树木 20 棵;1 t 废玻璃回收后,可生产一块篮球场面积的平板玻璃或 500 g 瓶子 2 万只;用 100 万吨废弃食物加工饲料,可节约 36 万吨饲料用谷物,生产 4.5 万吨以上的猪肉;塑料、橡胶等制品也完全可以从垃圾中回收再利用,但前提是必须先将垃圾分类;厨余垃圾进行分类后可以就地制肥。城市生活垃圾中的废纸、玻璃、塑料等通过分类收集可以回收利用,同时,分类收集也有利于垃圾后续综合处理。

因此,分类处理是今后垃圾收集的一个发展方向,它从垃圾的发生源上入手,提高了垃圾的资源利用价值,减少了垃圾的处理工作量,可以认为这种收集方式具有划时代的意义。

3. 我国城市生活垃圾分类收集建议

城市生活垃圾的组分非常复杂,分类收集主要是通过提高垃圾各组分的有序性,方便后续利用和处理。垃圾分类过粗,不能很好地起到分类的效果,还需要很多后续分类;分类过细,工作量太大,难以有效实施。因此,分类收集有一定的复杂性,需要居民与垃圾管理部门密切配合,逐步探索切实可行的分类收集体系和措施。

我国应如何进行垃圾分类收集,目前还没有统一的标准。根据厦门市政府常务会议 2016 年 4 月通过的《厦门市生活垃圾分类和减量工作方案》,厦门市的生活垃圾分为 4 类:

(1)可回收垃圾,指适宜回收和资源利用的垃圾,包括废弃的纸类、塑料、玻璃、金属、织物、瓶罐等。

(2)厨余垃圾,指居民日常生活及食品加工、饮食服务、单位供餐等活动中产生的垃圾,包括丢弃不用的菜叶、剩菜、剩饭、果皮、蛋壳、茶渣、骨头等。

(3)有害垃圾,指含有害物质,需要特殊安全处理的垃圾,包括对人体健康或自然环境造成直接或潜在危害的电池、灯管、日用化学品等。

(4)其他垃圾,除去可回收垃圾、有害垃圾、厨余垃圾之外的所有垃圾的总称,包括受污染与无法再生的纸张、受污染或其他不可回收的玻璃、塑料袋与其他受污染的塑料制品、废旧衣物与其他纺织品、破旧陶瓷品、难以自然降解的肉食骨骼、妇女卫生用品、一次性餐具、烟头、灰土等。

上述分类就是按照垃圾的不同处理要求进行的,便于垃圾后续处理。

农村垃圾分类启示:据腾讯评论 2015 年第 3 354 期《今日话题》栏目报道,浙江省金华市的管理者认为,以往农村垃圾"户集、村收、镇运、县处理"的模式,虽然解决了农村垃圾的出路问题,但"垃圾大军"进城后,仍面临处理成本高的问题。为了有效解决这一问题,金华在 3 个乡镇开展了生活垃圾分类减量资源化处理试点。没有城里推广垃圾分类那么复杂,金华市只在每户农民家里放两只垃圾桶,分别标上"可腐烂"和"不可腐烂"的字样,便于农民对垃圾进行分类,但效果却很明显。据《人民日报》报道,实施垃圾资源化后,金华农村有效减少了需要外运处理的垃圾数量,"原本大部分村庄垃圾外运处理得每天一次,现在延长为半个月或一个月一次"。由此可知,要实行垃圾分类,关键要取得居民的理解和配合,要具有可操作性。

2.2.3　国外城市生活垃圾分类收集经验

国外垃圾分类收集方法各异。在日本,居民在家中先将垃圾分类后,再送到指定的地方去,由清运公司或市政部门定期运到各个处理设施,按可燃垃圾、不燃垃圾和粗大垃圾3类分别收集的城市有122个,另有24个城市按粗大垃圾、混合垃圾两类分别收集,还有23个城市则按可燃垃圾、混合垃圾两类分别收集。

国际上许多国家对垃圾的管理是十分严格的,"谁污染,谁付费"与垃圾分类投放早已是国际通行的原则。在美国,垃圾处理设施建设费由政府承担,运营费由市民支付;英国城市居民在购买货物时,商品价格中包含废物处理费;德国每户交纳的垃圾费占家庭收入的0.5%,垃圾分类严格到一箱啤酒喝完后的包装纸盘和玻璃瓶都要分开放。

生活垃圾分类是一项系统工程,贯穿于从源头分类、正确投放到分类、收集、运输和最后处理的整个过程中。要建立一个经济、高效、环保的垃圾分类处理系统,除了对生活垃圾进行科学合理的源头分类外,还需要各种配套设施的建设、资源化利用技术的提高以及政府各种规章制度的配合,才能使垃圾分类工程健康持续地进行下去。

2.3　城市生活垃圾的收集、贮存及运输

《中华人民共和国固体废物污染环境防治法》第三十七条规定:"城市生活垃圾应当及时清运,并积极开展合理利用和无害化处置。城市生活垃圾应当逐步做到分类收集、贮存、运输和处置。"

城市生活垃圾的收集、运输和中转是城市生活垃圾处理的第一步,是工作量大、耗资多、操作过程较为复杂的环节。一个完整的收运过程通常由3个操作过程组成:首先是垃圾的收集、搬运和贮存(简称运贮),指由垃圾产生者(家庭或企事业单位)或环卫系统将生活垃圾从垃圾的源头送至贮存容器或集装点的过程;其次是垃圾的收集与清除(简称清运),指用清运车沿一定路线收集清除贮存设施中的垃圾,并运至垃圾中转站,或当近距离时直接送至垃圾处理处置场的过程,一般都是短距离运输;最后是垃圾的转运(或中转),指垃圾运输距离较远时,通过中转站将垃圾转载到大容量运输工具,再运往远处的处理处置场。

一个收运系统的主要组成包括垃圾产生者、产生的垃圾、收集处理设备和收集程序,垃圾产生者有家庭、企事业单位和相关设施;收集处理设备就是垃圾箱、垃圾袋、垃圾车;收集程序是为收集系统制定的工作程序和管理方法。一个良好的收运系统,实质上是人力劳动(司机和操作者)、技术水平和管理方法的最佳结合。

城市生活垃圾收集系统是城市生活垃圾收运处理的第一个环节。由于城市生活垃圾具有产生源分散、成分复杂的特点,在建设城市生活垃圾收集系统时,应全面了解垃圾收集基础设施,确定适当的垃圾收集方式,以保证合理高效地进行城市生活垃圾收集工作。

城市生活垃圾运输是城市生活垃圾收运系统的重要环节。垃圾运输方式可分为直接收运和间接收运两种方式。直接收运是采用垃圾收集车将垃圾从垃圾收集点直接运送到垃圾处理场的垃圾运输方法。间接收运是采用垃圾收集车将垃圾收集后运送到垃圾中转站,再由较大类型的垃圾运输车将垃圾送往垃圾处理场。

2.3.1 城市生活垃圾的收集、搬运和贮存

1. 城市生活垃圾的收集

目前,中国尚未采取分类收集的方法,只是少数城市正在试行分类贮存和收集的方法,通常的做法是居民将混合垃圾放置到垃圾桶内。中国向来重视废旧物资的回收,城市生活垃圾中的旧报纸、书刊、包装盒、易拉罐、玻璃瓶、金属等,居民有时自行分拣出来,由物资回收部门或个体人员收购,也可直接送往回收点。居民倒入垃圾箱中的未曾分拣的垃圾,拾荒者进行分类收集,卖给回收部门。

2. 城市生活垃圾的搬运

(1)居民住宅区常用的搬运方式。居民住宅区常用的搬运有两种方式:一是自行搬运,指垃圾产生者,如居民自行把废物或可回收利用物送到公共垃圾箱、废物收集点或垃圾车内;二是由城市固体废物收集系统的工人负责从家门口搬运至集中点或收集车。前者不受时间限制,居民方便,但有时收集不及时会对环境卫生有影响;后者有益城市固体废物的统一管理,但需要付费。欧洲工业发达国家多采用对居民家庭能分类存储、收集的可回收利用的包装材料免费收集,对城市垃圾分类收集有很大的推动作用。

(2)商业区及企事业单位生活垃圾的搬运。商业区与企事业单位的生活垃圾一般由产生者自行负责,如中国大城市居民区的大型菜市场一般都由专业的清扫人员负责收集,由环境卫生部门进行管理监督。

3. 城市生活垃圾的贮存

(1)城市生活垃圾贮存容器的一般要求。

城市生活垃圾贮存容器应带有封盖;容器结构及材质视垃圾性质而定;容器结构尺寸、形状与每一贮存站设置的容器数量,视服务区人口、垃圾产率、垃圾容重、容器的大小、收集系统特点而定。

城市生活垃圾贮存容器应该用耐腐蚀和不易燃烧的材料制造,大小适当,满足各种卫生标准要求,使用操作方便,易于清洗,美观耐用,价格适宜,便于机械化装车。

国外许多城市都有当地的垃圾容器类型的标准化和使用要求,用于各家各户及公共企事业单位的城市生活垃圾的储存容器多为塑料和钢制的垃圾桶、塑料袋和纸袋。

我国各城市使用的垃圾容器规格不一。公共场所常见的有活动式带轮的垃圾桶、铁质活底卫生箱及车厢式集装箱。在街道上,还配有供行人丢弃废纸、烟蒂、果壳等物的不同类型废物箱。此外,还设有高层住宅垃圾通道、居民小区垃圾台等。

(2)贮存站地址选择。

贮存站地址选择需要考虑环境美学与后续收集系统要求,遵循下述三大原则:①方便住户垃圾运送;②方便收集装运;③考虑环境卫生与美学的要求,以僻静的街区或胡同边为宜。

2.3.2 城市生活垃圾的收运

城市生活垃圾的收运主要指垃圾的清除阶段,不仅指对各产生源贮存的垃圾集中和集装,还包括收集清除车辆往返运输过程和在终点的卸料等全过程,是垃圾从分散到集中的关键性环节。因此,这一阶段是收运管理系统中最复杂的,耗资也最大。垃圾收运效率和费用

的高低主要取决于垃圾收集方法、收运车数量、装载量及机械化装载程度、收运次数、时间、劳动定员和收运路线等。

1. 传统的收运方法

目前固体废物的收集方式多为定点收集方式,具体操作是:由垃圾发生源送到垃圾收集点—用垃圾收集车集中到中转站—转运车辆将垃圾运到郊外的处置场。这样就形成收集—转运—集中处理的传统模式。由此可见,我国垃圾收运要经历以下阶段:

(1)垃圾发生源至垃圾桶。即家庭将产生的垃圾送到垃圾桶。此阶段在探索收购站上门回收或进行垃圾分装,有利于分类收集,实现垃圾减量化、无害化、资源化。

(2)垃圾桶至垃圾车。环卫工人将垃圾清理到垃圾车上。此阶段对垃圾进行第二次分选,分拣出纸张、塑料、玻璃瓶等物资,激励分类收集。

(3)垃圾车按路线收集多个垃圾桶的垃圾,垃圾车装满后运入中转站,此过程需要系统优化以提高效率、降低收运成本。

(4)转运车辆从中转站将垃圾运到填埋场。

2. 改进的收运方法

在传统收运模式的基础上,逐步完善分类收集,并合理设置中转站,设计收运路线,合理安排收运车辆、劳动力,使整个收运过程既能满足环境卫生标准要求,又能提高收运效率、降低费用,如图1-2-1所示。

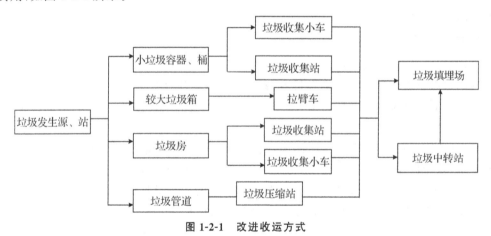

图 1-2-1　改进收运方式

2.3.3　城市生活垃圾收运系统

城市生活垃圾的收运系统有两种方式,即固定容器收集法和移动容器收集法。

1. 固定容器收集法

固定容器收集法是指用垃圾车到各容器集装点装载垃圾,容器倒空后再放回原地,收集车装满后运往中转站或处理处置场。其特点是垃圾贮存容器始终固定在原处不动,由于装车有机械操作之分,因此固定容器收集操作的关键是装车时间。固定容器收集法的操作过程如图1-2-2所示。

2. 移动容器收集法

移动容器收集法是指将某集装点装满的垃圾连同容器一起运往中转站或处理处置场，卸空后再将空容器送回原处或下一个垃圾集装点，然后收集车再到下一个容器存放点重复上述操作过程。移动容器收集法的操作过程如图 1-2-3 所示。

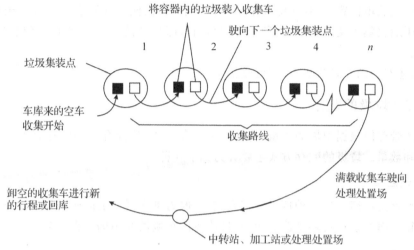

图 1-2-2　固定容器收集法的操作过程

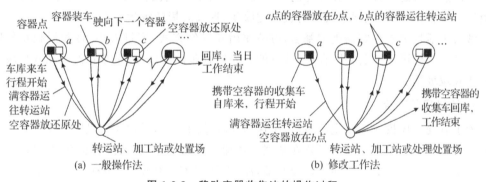

图 1-2-3　移动容器收集法的操作过程

2.4　城市生活垃圾收运设施

2.4.1　垃圾收集车

垃圾收集车的形式多种多样，可根据当地的经济、交通、垃圾组成特点、垃圾收运系统的构成等实际情况，开发和选择使用与其相适应的垃圾收集车。下面简要介绍几种国内外常用垃圾收集车的工作过程和特点。

1. 人力车

人力车包括手推车、三轮车等靠人力驱动的车辆。人力车在发达国家已不再使用，但在我国尤其是小城镇或大中城市街道比较狭窄的区域，仍发挥着重要的作用。

2. 自卸式收集车

自卸式收集车是国内最常用的垃圾收集车,一般是在普通货车底盘上加装液压倾卸机构和装料箱后改装而成,通过液压倾卸机构可使整个装料箱体翻转,进行垃圾的自动卸料。

3. 密封压缩收集车

根据垃圾装填位置,密封压缩收集车可分为前装式、侧装式和后装式 3 种类型,其中后装式密封压缩收集车使用较多,这种车是在车厢后部开设投入口,并在此部位装配一套压缩推板装置。

此外,还有活动斗式收集车、粪便收集车等。

2.4.2 垃圾的贮存

环卫主管部门根据垃圾的数量、特性确定贮存方式,选择合适的贮存容器,规划容器的放置地点和数量。垃圾的贮存方式主要分为如下几种。

1. 露天贮存

露天贮存是最简单的一种垃圾贮存方式,一般为砌在平地上的砖石或混凝土池子,表面没有覆盖物。露天贮存对环境造成污染,目前我国小城镇使用仍然很普遍。

2. 容器贮存

容器贮存就是把垃圾贮存在专门的容器中。由于垃圾被存放在密闭的容器中,因而对环境的影响较少,同时也便于垃圾的机械化收集,提高垃圾的收运效率。

城市生活垃圾贮存容器类型繁多,可按使用和操作方式、容量大小、容器形状及材质不同进行分类。居民区和公共贮存区,常见的有固定式砖砌垃圾房、带车轮的活动式垃圾桶及铁制活底垃圾箱。

3. 垃圾房的贮存

为了方便居民投放城市生活垃圾,确保居住环境的卫生,通常在居民区内设带容器或不带容器的垃圾房。投入口通常设置在各楼层楼梯平台,住户将垃圾投入通道投入口内,垃圾靠重力落入通道底层的垃圾间。垃圾间即垃圾的暂时贮存场所,其中存放的垃圾被定期清运出去。一般在通道上端设有出气管,并设置风帽,以挡灰及防雨水浸入。垃圾间安装照明灯、水嘴、排水沟、通风窗等,以便于清理垃圾死角及通风等。垃圾通道的设置方便了居民搬运垃圾,但也存在一些问题,主要有通道易发生起拱、堵塞,若清除不及时、密封不好,会导致垃圾腐败、散发臭味等。

4. 分类贮存

分类贮存是指根据对城市生活垃圾回收利用或处理工艺的要求,由垃圾产生者自行将垃圾分为不同类型进行贮存。分类贮存收集的城市生活垃圾成分主要是纸、玻璃、铁、有色金属、塑料、纤维材料等。

2.4.3 收集站

生活垃圾收集站的作用是将从居民、单位、商业和公共场所等垃圾收集点清理的垃圾运送到这里集中,并装入专门的容器内,再由运载车辆送至大型垃圾中转站或垃圾处理场。

普通垃圾收集站由可封闭建筑物、集装箱、吊装系统等组成。设施的基本结构如图1-2-4所示。

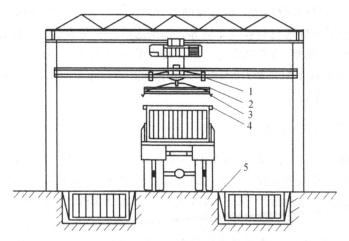

图1-2-4　普通垃圾收集站设施的基本结构
1—导向总成；2—吊装架；3—吊环；4—吊耳；5—地坑挡板

收集站内设有地坑，地坑内放置集装箱。从各收集点收集的垃圾进站后，倒入置于地坑里的集装箱内，装满后盖好箱盖，掀起地坑挡板5，导向总成1上的电动葫芦提升吊装架2，通过吊环3将集装箱吊起并做横向移动后，置于自卸汽车上。当汽车驶至垃圾处理场，打开集装箱后门，集装箱随车厢做自卸动作。卸出垃圾后，集装箱回到正常位置，关好集装箱后门，驶回收集站，卸下空箱，从而完成一个工作循环。

收集站常设在封闭的建筑物内，环境卫生条件和工人作业条件较好，采用密封式集装箱运输，在运输过程中垃圾不暴露，没有尘土飞扬和垃圾洒漏等问题；构造物比较简单，投资和管理也比较容易，因而在全国各城市获得了广泛的应用。在中小城市，收集站除了用于贮存垃圾外，还具有中转站的功能。

2.5　城市生活垃圾收运计划

2.5.1　收集车数量配备

收集车数量配备是否得当，关系到收集效率和收集费用。收集车数量的配备可参照下列公式计算：

自卸式收集车数量＝该收集区垃圾日平均产生量/(车额定吨位×日单班收集次数定额×完好率)(完好率按80%计)

多功能收集车数量＝该车收集区垃圾日平均产生量/(箱额定容量×箱容积利用率×日单班收集次数定额×完好率)(箱容积利用率按50%～70%计，完好率按80%计)

后装式密封收集车数量＝该车收集区垃圾日平均产生量/(桶额定容量×桶容积利用率×日单班装桶数量定额×日单班收集次数定额×完好率)(桶容积利用率按50%～70%计，完好率按80%计)

2.5.2　收集车劳动力配备

每辆收集车所需配备收集工人的数量受多方面因素的影响,如车辆型号与大小、机械化作业程度、垃圾容器放置地点与容器类型等。依据这些因素初步确定人数后,在实际操作过程中可根据需要进行调整,直至既满足需要又使人数最少为止。一般情况下,除司机外,人力装车的 2 t 简易自卸车配备 2 人,人力装车的 4 t 简易自卸车配备 3～4 人,多功能车配备 1 人,侧装密封车配备 2 人。

2.5.3　收集次数与时间

在我国城市的住宅区、商业区,基本上要求一天收集一次,即日产日清。垃圾收集时间大致可分昼间、晚间和黎明 3 种。住宅区最好在昼间收集,晚间可能影响居民休息;商业区则宜在晚间收集,此时车辆、行人稀少,可加快收集速度;黎明收集则兼有昼间和晚间收集的优点。

总之,收集计划的制定应视当地实际情况,根据当地经济、气候、垃圾产量与性质、收集方法、道路交通、居民生活习俗等确定,不能一成不变。其基本原则是:保证在卫生、迅速、低耗的情况下达到垃圾收集的目的。

2.6　城市生活垃圾收运路线设计

在城市生活垃圾收集方法、收集车辆类型、收集劳力、收集次数和收集时间确定以后就可着手设计收运路线,以便有效使用车辆和劳力。收运路线的合理性对整个垃圾收运水平、收运费用等都有重要影响。

一条完整的垃圾收集清运路线通常由收集路线和运输路线组成。前者指收集车在指定街区收集垃圾时所进行的路线;后者指装满垃圾后,收集车运往中转站(或处理处置场)所走过的路线。

2.6.1　收运路线的设计原则

(1)每个工作日每条路线限制在一个地区,尽可能紧凑,没有断续或重复的路线。

(2)工作量平衡,使每个作业、每条路线的收集和运输时间都大致相等。

(3)收集路线的出发点从车库开始,要考虑交通繁忙和单行街道的因素。

(4)在交通拥挤时间,应避免在繁忙的街道上收集垃圾。

2.6.2　设计收集路线的一般步骤

(1)在商业区、工业区或住宅区的大型地图上标出每个垃圾桶的放置点、垃圾桶的数目和收集频率。如果是固定容器系统,还应标出每个放置点垃圾的产生量,并根据工作使用面积将地区划分成长方形或正方形的小面积。

(2)根据上述平面图,将每周收集频率相同的收集点的数目和每天需要出空的垃圾桶数目列出一张表。

(3)计算并设计路线,要求每条路线距离大致相等,司机负荷基本平衡。

从调度站或垃圾停车场开始设计每天的收集路线,设计路线时考虑以下因素:

1)收集地点和收集频率应与现存的政策和法规一致。

2)收集人员的多少应与车辆类型和现实条件协调。

3)路线的开始与结束应邻近主要道路,尽可能地利用地形和自然疆界作为路线的疆界。

4)在陡峭地区,线路的开始应在道路倾斜的顶端,下坡时收集,便于车辆滑行。

5)线路上最后收集的垃圾桶应离处理处置场的位置最近。

6)交通拥挤地区的垃圾应尽可能地安排在一天的开始时收集。

7)垃圾量大的产生地应安排在一天的开始时收集。

8)如果可能,收集频率相同而垃圾量大的收集点应在同一天收集或同一旅程中收集,利用这些因素,可以制定出效率高的收集路线。

(4)当初步路线设计完成后,应对垃圾桶之间的平均距离进行计算,应使每条线路所经过的距离基本相等或相近,如果相差太大应当重新设计。若不止一辆收集车辆时,应使驾驶员的负荷平衡。

[例 1-2-1]图 1-2-5 所示为某生活小区垃圾存放点布置图(步骤①已在图上完成),要求设计收运路线。要求在每日 8 h 中必须完成收集任务,请确定处理处置场距 B 点的最远距离。已知有关数据和要求如下:

1)收集次数为每周 2 次集装点,收集时间要求在星期二、五。

2)收集次数为每周 3 次集装点,收集时间要求在星期一、三、五。

3)各集装点容器可以位于十字路口任何一侧集装。

4)收集车车库在 A 点,从 A 点早出晚归。

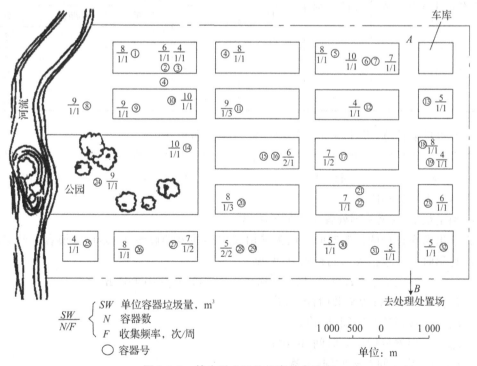

图 1-2-5　某生活小区垃圾存放点分布

5)移动容器系统按修改工作法。

6)移动容器系统操作从星期一至星期五每天进行收集。

7)移动容器系统操作数据:容器集装与放回时间均为 0.033 h/次,卸车时间为 0.053 h/次。

8)固定容器收集每周只安排 4 天(星期一、二、三、五),每天行程一次。

9)固定容器收集的收集车为容积 35 m³ 的后装式压缩车,压缩比为 2。

10)固定容器系统操作数据:容器卸空时间为 0.050 h;卸车时间为 0.010 h/次;容器估算行驶时间常数 $a=0.060$ h/次,$b=0.067$ h/km。

11)确定收集操作的运输时间,运输时间常数为 $a=0.080$ h/次,$b=0.025$ h/km。

12)非收集时间系数均为 0.15。

解:移动容器系统的路线设计:

1)根据图 1-2-5 提供的资料进行分析列表(路线设计的步骤②)。

收集区域共有集装点 32 个,其中收集次数每周 3 次的有点 11 和点 20,每周共要收集 3×2=6 次行程,时间要求在星期一、三、五;收集次数每周 2 次的有点 17、点 27、点 28、点 29,每周共收集 8 次行程,时间要求在星期二、五,其余 26 个点,每周收集 1 次,共收集 1×26=26 次行程,时间要求在星期一至星期五。合理的安排是使每周各个工作日集装的容器数大致相等以及每天的行驶距离相当。如果某日集装点增多或者行驶距离较远,则该日的收集将花费较多的时间,并且将限制确定处理处置场的最远距离。3 种收集次数的集装点每周共需行程 40 次,因此,平均安排每天收集 8 次,分配方法见表 1-2-5。

表 1-2-5 容器收集安排

收集次数	集装点数	行程数/周	每日倒空的容器数				
			星期一	星期二	星期三	星期四	星期五
1	26	26	6	4	6	8	2
2	4	8		4			4
3	2	6	2		2		2
合计	32	40	8	8	8	8	8

2)通过反复计算,设计均衡的收集路线(步骤③和步骤④)。

在满足表 1-2-5 规定的次数要求的条件下,找到一种收集路线方案,使每天的行驶距离大致相等,即 A 点到 B 点间行驶距离约为 86 km。据此,设计的每周收集路线和距离的计算结果列入表 1-2-6 中。

3)确定从 B 点至处理处置场的最远距离。

①求出每次行程的集装时间。因为采用改进移动容器收集法(亦称交换容器收集法),故每次行程时间不包括容器间行驶时间,则

$$P_{hcs}=t_{pc}+t_{uc}+t_{dbc}=0.033+0.033+0=0.066 \text{ h/次}$$

式中　　P_{hcs}——每次行程集装时间,h/次;

t_{pc}——容器装车时间,h/次;

t_{uc}——容器放回原处时间,h/次;

t_{dbc}——容器间行驶时间,h/次。

②求往返运输距离。利用如下公式计算往返运输距离 x:

$$H=N_d(P_{hcs}+s+h)/(1-\omega)=N_d(P_{hcs}+s+a+bx)/(1-\omega)$$

表 1-2-6　移动容器收集法的收集路线

集装点	收集路线 星期一	距离/km	集装点	收集路线 星期二	距离/km	集装点	收集路线 星期三	距离/km	集装点	收集路线 星期四	距离/km	集装点	收集路线 星期五	距离/km
	A→1	6		A→7	1		A→3	2		A→2	4		A→13	2
1	1→B	11	7	7→B	4	3	3→B	7	2	2→B	9	13	13→B	5
9	B→9→B	18	10	B→10→B	16	8	B→8→B	20	6	B→6→B	12	5	B→5→B	16
11	B→11→B	14	14	B→14→B	14	4	B→4→B	16	18	B→18→B	6	11	B→11→B	14
20	B→20→B	10	17	B→17→B	8	11	B→11→B	14	15	B→15→B	8	17	B→17→B	8
22	B→22→B	4	26	B→26→B	8	12	B→12→B	8	16	B→16→B	8	20	B→20→B	10
30	B→30→B	6	27	B→27→B	8	20	B→20→B	10	24	B→24→B	16	27	B→27→B	10
19	B→19→B	6	28	B→28→B	8	21	B→21→B	4	25	B→25→B	16	28	B→28→B	8
23	B→23→B	4	29	B→29→B	8	31	B→8→B	0	32	B→32→B	2	29	B→29→B	8
	B→A	5		B→A	5		B→A	5		B→A	5		B→A	5
合计		84	合计		86	合计		86	合计		86	合计		86

即 $8=8\times(0.066+0.053+0.080+0.025x)/(1-0.15)$

求得 $x\approx26$ km/次

式中　H——每天工作时数，h/d；

N_d——每天行程次数，次/d；

P_{hcs}——每次行程集装时间，h/次；

s——每次行程卸车时间，h/次；

h——运输时间，h/次；

x——往返运输距离，km/次；

ω——非收集时间占总时间的百分数，%。

运输时间（h）是指收集车从集装点行驶至终点所需的时间，再加上离开终点驶回原处或下一个集装点的时间，但不包括停在终点的时间。它的计算式 $h=a+bx$ 是根据大量运输数据分析得出的经验公式，其中 a 为运输时间常数，h/次；b 为使用运输的时间常数，h/km。卸车时间（s）是指收集车在终点（中转站或处理处置场）的逗留时间，包括卸车和等待卸车的时间。

③最后确定从 B 点至处理处置场的距离。往返运输距离 x 包括收集路线距离在内，将其扣除后除以往返双程，便可确定从 B 点至处理处置场最远单程距离为

$$(26-86/8)/2\approx7.63 \text{ km}$$

2.6.3　固定容器收集法路线设计

(1)用相同的方法可求得每天需收集的垃圾量，其收集安排见表 1-2-7。

表 1-2-7　每天垃圾收集量安排

收集次数/周	总垃圾量/m³	每日收集的垃圾量/m³				
		星期一	星期二	星期三	星期四	星期五
1	1×178	53	44	52	0	29
2	2×24		24		0	24
3	3×17	17		17	0	17
合计	277	70	68	69	0	70

（2）根据所收集的垃圾量，经过反复试算制定均衡的收集路线，每日收集路线列于表 1-2-8，A 点和 B 点间每日的行驶距离列于表 1-2-9。

（3）从表 1-2-8 中可以看到，每天行程收集的容器数为 10 个，行驶距离为（26＋28＋26＋22）/（4×10）＝2.55 km，而每次行程的集装时间为

$$P_{scs}=c_t(t_{uc}+t_{dbc})=c_t(t_{uc}+a+bx)=10×(0.05+0.06+0.067×2.55)=2.8 \text{ h/次}$$

式中　P_{scs}——每次行程集装时间，h/次；

c_t——每次行程收集的容器数，个/次；

t_{uc}——卸空一个容器的平均时间，h/个；

t_{dbc}——每行程各集装点之间的平均行驶时间，$t_{dbc}＝a＋bx$ 是经验公式，其中 a,b 是估算容器间行驶时间的经验常数，单位分别为 h/次、h/km，x 为往返运输距离。

表 1-2-8　固定容器收集法收集路线的集装次序

星期一		星期二		星期三		星期五	
集装次序	垃圾量/m³	集装次序	垃圾量/m³	集装次序	垃圾量/m³	集装次序	垃圾量/m³
13	5	2	6	18	8	3	4
7	7	1	8	12	4	10	10
6	10	8	9	11	9	11	9
4	8	9	9	20	8	14	10
5	8	15	6	24	9	17	7
11	9	16	6	25	4	20	8
20	8	17	7	26	8	27	7
19	4	27	7	30	5	28	5
23	6	28	5	21	7	29	5
32	5	29	5	22	7	31	5
合计	70	合计	68	合计	69	合计	70

表 1-2-9　A 点和 B 点间每日的行驶距离

星　期	一	二	三	五
行驶距离/km	26	28	26	22

(4)求从 B 点到处理处置场的往返运输距离。

$$H = N_d(P_{scs} + s + a + bx)/(1 - \omega)$$

即 $8 = 1 \times (2.8 + 0.10 + 0.08 + 0.025x)/(1 - 0.15)$

求得 $x = 152.8$ km

(5)确定从 B 点至处理处置场的最远距离。

即 $152.8/2 = 76.4$ km

2.7　城市生活垃圾收运市场化模式

随着垃圾问题的日益严峻,人们对城市生活垃圾的管理也不断加强,已经贯穿到垃圾的整个生命周期。然而在垃圾的整个管理系统中,消耗在垃圾收运上的费用在整个垃圾处理费用中占有相当大的比例,垃圾收运所耗费资金越来越大,对管理要求越来越高,所以政府压力越来越大。近年来,各地各级政府都在创新垃圾收运管理模式,特别重要的改变就是城市生活垃圾收运市场化,即城镇环卫保洁一体化市场运行模式,或如龙岩市龙马环卫有限公司的"制造+服务"协同发展的商业模式,即将中心城区环卫保洁服务的各分块项目整合为一体化运营项目,内容包括:中心城区范围内的城市道路和公共场所清扫保洁服务、垃圾收集清运,公厕运营管理,河道保洁,"牛皮癣"清除,环卫专用车辆和设施、设备的配置与更新、维护保养管理,特殊情况下的环卫保障等服务。现越来越多的城市在推行环卫保洁一体化商业模式。

2.8　城市生活垃圾中转站的设置与运行

2.8.1　垃圾转运的必要性

垃圾收运过程是垃圾从分散到集中的过程,是一个产生源高度分散、处置相对集中、产生量随季节变化的"倒物流"系统。垃圾收运分为收集后直接运输和收集后中转运输两大类。收集后直接运输即用垃圾收集车(后装式垃圾压缩车、侧装式垃圾压缩车等)直接在居民收集点收集并直接运输到垃圾处理场。收集后直接运输一般应用于收集车容量较大以及垃圾处理场距离不太远的情况,这种方式在国外和我国的特大型城市中较多采用,或在城市的中心区采用。它的优点是简单方便,且不需要建造中转站,节约空间,尤其适合大城市中心区。

本节主要介绍收集后中转站运输方式。此种方式下,中转站起至关重要的作用。垃圾中转站的主要功能就是对垃圾进行中转运输。在中转站将小吨位车辆倒换为大型集装箱运输车,并增加垃圾的装载密度,从而有效地利用人力、物力,节省垃圾清运费用或成本,提高运输效率,减少交通堵塞,降低环境污染。另外,在有条件的地区,还可以对垃圾进行分拣和筛分等预处理,有助于垃圾后续处理、处置。

2.8.2 中转站的类型与设置要求

中转站按规模可分为小型、中型和大型,转运量小于 150 t/d,为小型;转运量为 150~450 t/d,为中型;转运量大于 450 t/d,为大型。中转站的规模、用地面积根据日转运量确定,详见表 1-2-10。垃圾转运量应根据服务区域内垃圾高产月份平均日产量的实际数据确定。

表 1-2-10 垃圾中转站用地标准

转运量/(t/d)	用地面积/m²	附属建筑面积/m²
150	1 000~1 500	100
150~300	1 500~3 000	100~200
300~450	3 000~4 500	200~300
>450	>4 500	>300

垃圾转运量可按下式计算:

$$Q = \delta nq/1\,000$$

式中 Q——转运站的日转运量,t/d;

n——服务区域的实际人数;

q——服务区域居民垃圾人均日产量,kg/(人·d),按当地实际资料采用,无当地资料时,垃圾人均日产量可采用 1.0~1.2 kg/(人·d),气化率低的地方取高值,气化率高的地方取低值;

δ——垃圾产量变化系数,按当地实际资料采用,如无资料时,δ 值可采用 1.3~1.4。

一般来说,用人力收集车收集垃圾的小型中转站,服务半径不宜超过 0.5 km;用小型机动车收集垃圾的小型中转站,服务半径不宜超过 2.0 km;垃圾运输距离超过 2.0 km 时,应设置大、中型中转站。

国内外生活垃圾中转站形式多样,主要区别在于站内中转垃圾处理设备的工作原理和处理效果(减容压实程度)。根据工艺流程和中转设备对垃圾压实程度的不同,中转站可分为直接转运式、压入装箱式(或推入装箱式)和压实装箱式,其中,直接转运式对垃圾的减容压实程度最低,压入装箱式居中,压实装箱式则最高。由此,我们将其分成非压缩式和压缩式两大类,但较新型的均为压缩式。

1. 非压缩式中转站

垃圾收集后由小型收集车运到中转站,直接将垃圾卸入车厢容积为 60~80 m³ 半拖挂式的大型垃圾运输车。由牵引车拖带进行运输,运输途中,用篷布覆盖敞顶集装箱,防止垃圾飞扬。图 1-2-6 所示为非压缩式中转站的分类。

该形式中转站的主要特点是工艺流程简单,几乎没有专用中转垃圾处理设备,投资少,运营管理费用低,但中转过程中,对垃圾未做减容、压缩处理,导致站内垃圾运输车的车厢(集装箱)容积很大,无法承担大运量的垃圾运输,且未能实现封闭化的中转作业,卫生条件差。

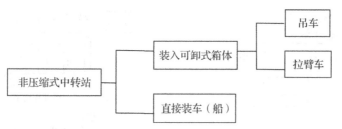

图 1-2-6　非压缩式中转站的分类

2. 压缩式中转站

压缩式中转站又分为 4 种:水平压缩式、螺旋压缩式、刮板压缩式和垂直压缩式,具体如图 1-2-7 所示。

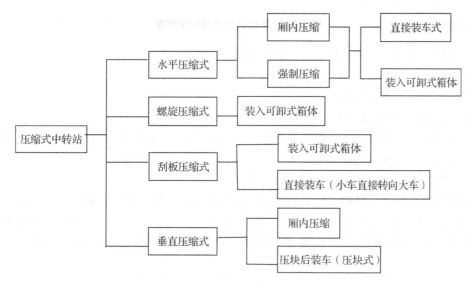

图 1-2-7　压缩式中转站的分类

比如,垂直压缩式,垃圾直接卸入竖直放置的垃圾容器内,在自身重力作用下垃圾得到一定压缩。当容器装满时,位于容器上方的压实器会对垃圾再进行竖直压缩,然后再往容器中卸入垃圾,再压缩,反复 2～3 次,直到垃圾装足为止。装足垃圾的容器由专用搬运车放平,并转移到大型垃圾运输车上,运往垃圾处置场(厂)。图 1-2-8 所示为几种典型的垃圾中转站。

此外,垃圾中转可以有一级中转、二级中转或更多级的中转。其根据中转运输方式的不同,又有陆运转水运、陆运转陆运,陆运运输可以是公路运输,也可以是铁路运输。在压缩式中转中,若采用水路或铁路运输,则一定是装入可卸式箱体的形式。

2.8.3　中转站的选址

按照《生活垃圾转运站技术规范》CJJ 47—2006 的要求,中转站选址应满足下列要求:

(1)符合城市总体规划和环境卫生专业规划的要求。

(2)综合考虑服务区域、转运能力、运输距离、污染控制、配套条件等因素的影响。

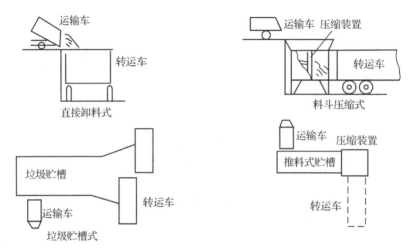

图 1-2-8　几种典型的垃圾中转站

（3）设在交通便利、易安排清运线路的地方。

（4）满足供水、供电、污水排放的要求。

同时不应设在下列地区：

（1）立交桥或平交路口旁。

（2）大型商场、影剧院出入口等繁华地段。若必须选址于此类地段时，应对转运站进出通道的结构与形式进行优化或完善。

（3）邻近学校、餐饮店等群众日常生活聚集场所。

中转站的选址属于基础设施选址范畴，重点是考虑运费最低的原则。由于运费与运距有关，因此运费简化成最短运距的问题。具体来说，中转站选址的目标就是，在满足城市生活垃圾中转任务的同时，尽可能实现成本最小化，同时还要考虑到中转站对环境的影响问题。

由于上述要求很难同时满足，因此必须对这些因素综合加以考虑。

2.8.4　中转站设备和工艺

1. 中转站的设备

一般来说，一台完整的压缩式垃圾中转站设备包括压缩装置、翻转装置、动力及传动系统、垃圾集装箱、控制系统 5 个功能模块。比如，翻转装箱式生活垃圾压缩中转站设备结构部件主要有地坑、垃圾集装箱、垃圾投放室、底板、托架、支架、开口、压缩液压缸、推杆、压头、连杆、摆杆、液压缸、链条、车厢等。这些模块之间的关系如图 1-2-9 所示。

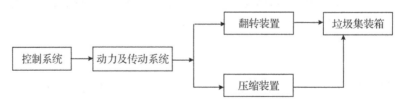

图 1-2-9　垃圾中转站设备的主要功能模块

压缩装置是垃圾压缩转运设备的关键部件,它决定着整台设备的性能,合理的压力和压缩倍数决定着设备的成本,是决定设备是否具有使用价值的关键。

翻转装置主要实现垃圾集装箱的提升装卸功能,要求其具有较高的可靠性和平稳性,在实现装卸功能的同时尽量保证结构简单、运行快捷、安全可靠且占地面积小。

动力及传动系统为翻转装置和压缩装置提供动力,设计要求是在保证完成功能的情况下,尽量选用可靠性高的零部件和传动方式。

垃圾集装箱是盛装压缩垃圾的容器,与普通垃圾集装箱相比,由于要承受一定的压力,其设计要求是要保证有足够的强度,以免压力过大将其压坏;从结构上要考虑压缩垃圾倾倒的方便性,而且由于垃圾具有较强的腐蚀作用,箱体还要具有一定的防腐蚀性能。

控制系统要实现对整个设备的动作控制,包括对翻转装置和压缩装置的控制。对翻转装置的控制要求是能够实现限位控制、断电保护和过载保护等功能,对压缩装置的控制要求是能够实现快进、工进、保持、快退、紧急停车等功能。

在上述 5 个部分中,压缩装置和翻转装置在一定程度上决定了控制系统、动力及传动系统、垃圾集装箱的设计方案,是整个中转设备设计的关键。

2. 中转站工艺

垃圾中转站工艺主要有 3 种,即直接倾卸式、贮存待装式和组合式(直接倾卸与贮存待装)。它们的设备组成和工作过程分述如下。

(1)直接倾卸式:就是把垃圾从收集车直接倾卸到大型拖挂车上,它分无压缩和有压缩两种形式。无压缩时,垃圾直接倾倒到拖挂车里,对垃圾没有压缩处理(图 1-2-10);有压缩时,垃圾由收集车倾卸到卸料斗里,然后,液压式压实器对料斗里的垃圾进行压缩,并把垃圾推入大型装载容器里(大型垃圾箱),装满压缩垃圾的大型垃圾箱再被转放到运输车上运走(图 1-2-11)。

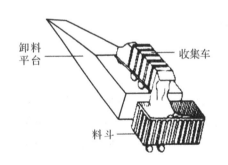

图 1-2-10　无压缩直接倾卸转运方式

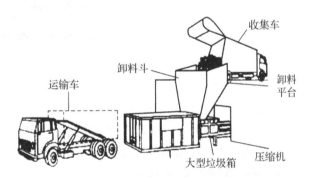

图 1-2-11　有压缩直接倾卸转运方式

(2)贮存待装式:该种垃圾转运站设有贮料坑,其转运工艺如图 1-2-12 所示。垃圾收运车先在高货位的卸料台卸料,倾入低货位的贮料坑中贮存,然后,推料装置(如装载机)将垃圾推入压实器的料斗中,压实器再将垃圾封闭压入大型运输工具内,满载后运走。有的中转站还可对垃圾进行分离、破碎、去铁等处理。

(3)组合式:是指在同一中转站既设有直接倾卸设施,也设有贮存待装设施(图 1-2-13)。垃圾既可直接由收集车卸载到拖挂车里运走,也可暂时存放在贮料坑内,随后再由装载机装入拖挂车转运。它的优点是操作比较灵活,对垃圾数量变化的适应性较强。

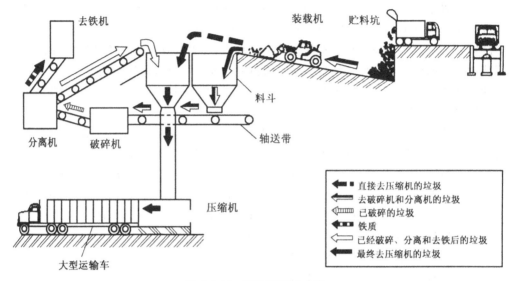

图 1-2-12　贮存待装式中转

直接去压缩机的垃圾
去破碎机和分离机的垃圾
已破碎的垃圾
铁质
已经破碎、分离和去铁后的垃圾
最终去压缩机的垃圾

（图中标注：去铁机、装载机、贮料坑、料斗、轴送带、分离机、破碎机、压缩机、大型运输车）

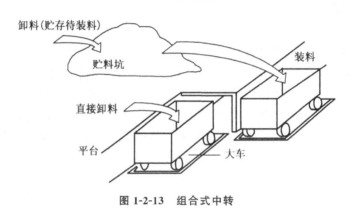

图 1-2-13　组合式中转

（图中标注：卸料(贮存待装料)、贮料坑、装料、直接卸料、平台、大车）

2.8.5　中转站设计及运行案例

上海市崇明垃圾中转站 2002 年 2 月 6 日开始正式运营,采用荷兰环保集团竖直式压缩专利技术,是我国第一座竖式压缩中转站,也是建设—经营—转让(build,operate,transfer,BOT)模式首次在我国环卫行业的应用。其设计规模为 270 t/d,目前处理量为 120 t/d,占地约 1 hm²,服务年限为 18 a。

1. 竖直式压缩工艺简介

竖直式压缩工艺是由荷兰环保集团开发的垃圾转运系统,压缩比为(1∶2)~(1∶3),压实器压力一般设定为 300 kN 左右,已在土耳其、澳大利亚、新西兰等国家规模为 500~10 000 t/d的生活垃圾中转站得到应用,目前运转情况良好。

居民点收集来的垃圾由小型收运车运入中转站内,称重计量后经坡道进入卸料大厅,将垃圾直接卸入竖直放置的容器内。容器内的垃圾在自身重力作用下得到一定压缩。当容器内的垃圾装满后,位于容器上方的压缩装置对容器内的垃圾进行竖直压缩,再往容器中卸入垃圾,再压缩,直到容器中装满垃圾(达到设计值)为止,关好容器盖门,完成一次压缩装箱过程。满载容器由转运车从容器工位上取下,运往垃圾填埋场。填埋场可设置专用卸载车,或用可移动式卸料平台进行卸载。该项目由于规模不大,出于经济原因采用卸料平台进行卸料。在填埋场卸载后,空容器由转运车送回中转站装箱,如此反复。这种工艺的垃圾容器与大型运输车分离,操作方便,且垃圾运输过程中实现了封闭、满载、大运量操作。

2. 设计规模及垃圾成分

(1)设计规模:生活垃圾中转站的规模由服务区域的每日垃圾产出量决定,并且要考虑服务区域内垃圾产出量的年增长变化情况。该站服务区域人口 15 万人,人均垃圾产生量 0.80 kg/d,垃圾产生总量 120 t/d。中转站的规模按如下公式计算:

$$Q = kq(1+\eta)^{n/2}$$

式中 Q ——中转站工程规模,t/d;

k ——高峰期垃圾产生量波动系数,取 1.1;

q ——生活垃圾平均产生量,120 t/d;

η ——生活垃圾产生量的年增产率,8%;

n ——中转站服务年限,18 a。

上海市崇明垃圾压缩中转站的工程规模定为 270 t/d。

(2)垃圾成分:经抽样调查,该生活垃圾中厨余垃圾含量较高,水分含量较高,垃圾在压缩过程中产生渗沥水较多;压实基体(灰渣)含量少,几乎没有,而弹性变形量较大的塑料则较多,垃圾压缩时不易压实成块。

3. 设计特点

(1)垃圾清运:目前,主要采用 2 t 自卸车和 5 t 自卸车收集生活垃圾。城桥镇环卫站现有垃圾收集车 20 辆,其中 2 t 自卸车 16 辆,其余为 5 t 自卸车,另外还有人力垃圾收集车 2 辆、铲车 1 辆、人力清扫车 16 辆。收集作业制度为:绝大部分垃圾在每天 4:00 和 21:00 收集,另有约 20% 垃圾在 13:00 和 16:00 收集,运往垃圾简易堆场。

(2)主要作业设备:压缩中转作业主要设备有称重计量系统 1 套,直径为 1 500 mm 的竖直式压实器 1 套,额定装载量为 15 t 自带液压开启装置的圆筒形容器 8 只,卸料溜槽及驱动机构 4 套,斯太尔 1491H280/B32/6×4 型转运车 4 辆,NCH 钢丝牵引系统 4 套,监控系统 1 套,车辆冲洗和场地冲洗设备各 1 套。

【任务实施】

对本学院校园产生的生活垃圾设计分类收集方案(含生活垃圾收集容器、收集贮存点、运输方式等内容)。

【考核与评价】

考查学生能否结合生活垃圾收集知识,制订出正确的生活垃圾分类收集方案。

(1)分析方案中收集垃圾的实用性和正确性。

(2)分析方案中各要点,含收集容器、收运方式、贮存点设计是否合理。

【讨论与拓展】

各小组就方案制订实施过程中出现的问题和获得的经验进行讨论。

任务 3　城市生活垃圾采样与制样

【任务描述】

实际工作中通常需要根据固体废物的性质选择适当的处理、利用和处置技术,实现固体废物污染控制的"资源化""无害化""减量化"。而对固体废物的性质分析将是正确选择固体废物处理、利用和处置方案的首要任务。在对固体废物进行实训与分析时,始于固体废物的采样。由于固体废物量大、种类繁多且混合不均匀,是一种由多种物质组成的异质混合体,因此与水质及大气实训与分析相比,从固体废物这种不均匀的批量中采集有代表性的试样的确很难,但是必须采集具有代表性的固体废物样品。

【知识点】

固体废物的采样和制样参见《生活垃圾采样和物理分析方法》(CJ/T 313—2009)。

3.1　城市生活垃圾的采集

3.1.1　采样点选择原则

城市生活垃圾采样点选择原则是:该点垃圾具有代表性和稳定性。城市生活垃圾采样点应按垃圾流节点进行选择,见表 1-3-1。

表 1-3-1　城市生活垃圾流节点与分类

序　号	生活垃圾流节点	类　别
1	产生源	居住区、事业区、商业区、清扫区等
2	收集站	地面收集站、垃圾桶收集站、垃圾收集站、分类垃圾收集站等
3	收运车	车厢可卸式、压缩式、分类垃圾收集车、餐厨垃圾收集车等
4	转运车	压缩式、筛分、分选等
5	处理场(厂)	填埋场、堆肥场、焚烧厂、餐厨垃圾处理厂等

注:产生源节点按产生生活垃圾的功能区特性进行分类,其他节点按设施的用途进行分类;在产生源功能区采样,适用于原始生活垃圾成分和理化特性分析;在其他生活垃圾流节点采样,适用于生活垃圾动态过程中成分和理化特性分析。

在生活垃圾产生源设置采样点,应根据所调查区域的人口数量确定最少采样点数(表 1-3-2),并根据该区域内功能区(表 1-3-3)的分布、生活垃圾特性等因素确定采样点。

表 1-3-2　人口数量与最少采样点数

人口数量/万人	<50	50~100	100~200	≥200
最少采样点数/个	8	16	20	30

表 1-3-3　功能区种类

区　域	居住区			事业区		商业区					清扫区	
类　别	燃煤	半燃煤	无燃煤	机关团体	教育科研	商场超市	餐饮	文体设施	集贸市场	交通场站（站）	道路广场	园林

在生活垃圾产生源以外的垃圾流节点设置采样点，应由该类节点（设施或容器）的数量确定最少采样点数，参考表 1-3-4。在调查周期内，地理位置发生变化的采样点数不宜大于总数的 30%。

表 1-3-4　生活垃圾流节点数与最少采样点数　　　　　　　　　　　单位：个

生活垃圾流节点（设施或容器）的数量	最少采样点数
1～3	所有
4～64	4～5
65～125	5～6
126～343	6～7
>344	每增加 300 个容器或设施，增加 1 个采样点

3.1.2　采样频率和间隔时间

产生源生活垃圾采样与分析以年为周期，采样频率宜每月 1 次，同一采样点的采样间隔时间宜大于 10 d。因环境引起生活垃圾变化时，可调整部分月份的采样频率。调查周期小于 1 a 时，可增加采样频率，同一采样点的采样间隔不宜小于 7 d。采样应在无大风、雨、雪的条件下进行，在同一市区每次各点的采样宜尽可能同时进行。

垃圾流节点生活垃圾采样与分析应根据该类节点特性、设施的工艺要求、测定项目的类别确定采样周期和频率。

3.1.3　最小采样量

根据生活垃圾最大粒径及分类情况，选取的最小采样量应符合表 1-3-5 的规定。

表 1-3-5　生活垃圾最小采样量

生活垃圾最大粒径/mm	最小采样量/kg		主要适用范围
120	50	200	产生源生活垃圾、生活垃圾筛上物等
30	10	30	生活垃圾筛下物、餐厨垃圾等
10	1	1.5	堆肥产品、焚烧残渣等
3	0.15	0.15	

3.1.4　采样方法

城市生活垃圾常用的采样工具有采样车、密闭容器(采样桶或具有内衬的采样袋)、磅秤、铁锹、竹夹、橡皮手套、剪刀、小铁锤等。

各类垃圾收集点的采样应在收集点收运垃圾前进行。在大于 3 m³ 的设施(箱、坑)中,每个设施采 20 kg 以上,最少采 5 个,共 100～200 kg;混合垃圾点的采样应采集当日收运到堆放处理场的垃圾车中的垃圾,在间隔的每辆车内或在其卸下的垃圾堆中采用立体对角线法在 3 个等距点采等量垃圾共 20 kg 以上,最少采 5 车,共计 100～200 kg。采样的全过程要有翔实记录。

对呈堆体状态的生活垃圾、垃圾桶(箱或车)内的生活垃圾、坑(槽)内的生活垃圾(如焚烧厂贮料坑、堆肥场发酵槽等)可参照下述方法采样。

1. 四分法

将生活垃圾堆搅拌均匀后堆成圆形或方形,如图 1-3-1 所示将其十字 4 等分,然后随机舍弃其中对角的两份,余下部分重复进行前述铺平 4 等分,舍弃一半,直至达到表 1-3-5 所规定的采样量。

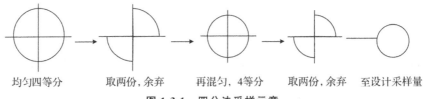

均匀四等分　　　取两份,余弃　　　再混匀, 4等分　　　取两份,余弃　　　至设计采样量

图 1-3-1　四分法采样示意

2. 剖面法

沿生活垃圾堆对角线做一采样立剖面,如图 1-3-2 所示,确定点位,水平点距不大于 2 m,垂直点距不大于 1 m。各点位等量采样,直至达到表 1-3-5 所规定的采样量。

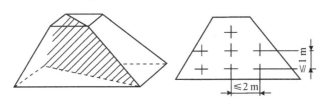

图 1-3-2　剖面法采样位置示意

3. 周边法

在生活垃圾堆四周各边的上、中、下 3 个位置采集样品,按图 1-3-3 所示方式确定点位(总点位数不少于 12 个)。各点位等量采样,直至达到表 1-3-5 所规定的采样量。

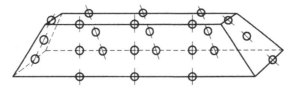

图 1-3-3　周边法采样位置示意

4. 网格法

将生活垃圾堆成一厚度为 40～60 cm 的正方形,把每边 3 等分,将生活垃圾平均分成 9 个子区域,每个子区域中心点前后左右周边 50 cm 内以及从表面算起垂直向下 40～60 cm 深度的所有生活垃圾取出,倒在一清洁的地面上,搅拌均匀后采用四分法缩分至表 1-3-5 所规定的采样量。

3.2   制   样

制样指的是从采样的小样或大样中获取最佳量、最具代表性、能满足实训或分析要求的样品。根据以上采样方法采集的原始固体样本试样,往往数量很大,颗粒大小悬殊,组成不均匀,无法进行实训分析,因此在实训室分析之前,需对原始固体试样进行加工处理,称为制样。制样的目的是将原始试样制成满足实训室分析要求的分析试样,即数量缩减到几百克,组成均匀(能代表原始样品),粒度细(易于分解)。制样的步骤包括破碎、筛分、混匀和缩分。制样的 4 个步骤反复进行,直至达到实训室分析试样要求为止。

3.2.1   城市生活垃圾样品的制备

城市生活垃圾样品制备设备包括粉碎机械(粉碎机、破碎机)、天平、药碾、研钵、钢锤、标准套筛、十字分样板、机械缩分器、250～500 mL 带磨口的广口玻璃样品瓶等。

1. 粉   碎

分别对各类废物进行粉碎。对灰土、瓦砖、陶瓷类废物,先用手锤将大块敲碎,然后用粉碎机或其他粉碎工具进行粉碎;对动植物、纸类、纺织类、塑料等废物,用剪刀剪碎。粉碎后样品的大小根据分析测定项目确定。

2. 一次样品制备

将测定生活垃圾容重后的样品中的大粒径物品破碎至 100～200 mm,摊铺在水泥地面,充分混合搅拌,再用四分法缩分 2(或 3)次,至 25～50 kg 样品,置于密闭容器运到分析场地。确实难以全部破碎的可预先剔除,在其余部分破碎、缩分后,按缩分比例将剔除生活垃圾部分破碎加入样品中。

3. 二次样品制备

在生活垃圾含水量测定完毕后,应进行二次样品制备。根据测定项目对样品的要求,将烘干后的生活垃圾样品中各种成分的粒径分级破碎至 5 mm 以下,选择下面两种样品形式之一制备二次样品备用。

(1)混合样:应严格按照生活垃圾样品物理组成的干基比例,将粒径为 5 mm 以下各种成分混合均匀,缩分至 500 g,再用研磨仪将其粒径研磨至 0.5 mm 以下。

(2)合成样:应用研磨仪将烘干后的粒径为 5 mm 以下各种成分的粒径分别研磨至 0.5 mm 以下,缩分至 100 g 后装瓶备用。按照生活垃圾样品物理组成的干基比例,配制测定用合成样,合成样的质量(M)可根据测定项目所用仪器要求确定,各种成分的质量(M_i)按下式计算,称重结果精确至 0.000 5 g。

$$M_i = \frac{MC_i}{100}$$

式中　M_i——某成分干重，g；

　　　M——样品质量，g；

　　　C_i——某成分干基比例，%；

　　　i——各成分序数。

4. 缩　分

将需要缩分的样品放在清洁、平整、不吸水的板面上，用四分法缩分至 100 g 左右为止，并将其保存在瓶中备用。瓶上应贴有标签，注明样品名称（或编号）、成分名称、采样地点、采样人、制样人、制样时间等信息。

5. 制备样品的注意事项

应防止样品产生任何化学变化或受到污染，在粉碎样品时，确实难以全部破碎的生活垃圾可最先剔除，在其余部分破碎、缩分后，按缩分比例将剔除生活垃圾部分破碎加入样品中，不可随意丢弃难以破碎的成分。

3.2.2　样品的运送和保存

样品在运送过程中，应避免样品的倒置和倒放。样品应保存在不受外界环境污染的洁净房间内，并密封于容器中保存，贴上标签备用。

二次样品应在阴凉干燥处保存，保存期内若吸水受潮，则应在（105±5）℃的条件下烘干至恒重后，才能用于测定，必要时可采用低温、加入保护剂的方法保存。制备好的样品，一般有效保存期为 3 个月，易变质的试样不受此限制。最后，填写采样制作表，分别存放于有关部门。

3.3　采样、制样方案设计

在固体废物采样、制样前，应首先进行采样、制样方案（采样、制样计划）设计。方案内容包括采样目的和要求、背景调查和现场踏勘、采样程序、制样程序、安全设施、质量控制、采样与制样记录和报告等。

3.3.1　采样目的

采样的基本目的是从一批固体废物中采集具有代表性的样品，通过实训和分析，获得在允许范围内的数据。在设计采样方案时，应先明确分析的目的和要求，如特性鉴别、环境污染检测、综合利用或处置、环境影响评价、科学研究、法律责任及仲裁等。

3.3.2　背景调查和现场踏勘

采样目的明确后，要调查以下影响采样方案制订的因素，并进行现场踏勘：

(1)固体废物的产生地点、产生时间、产生形式（间断还是连续）及贮存（处置）方式。

(2)固体废物的种类、形态、数量及特性（含物理性质和化学性质）。

(3)固体废物实训及分析的允许误差和要求。

(4)固体废物污染环境与监测分析的历史资料。

3.3.3　采样程序

(1)明确采样目的和要求。

(2)进行背景调查和现场踏勘。

(3)确定采样点、份样数与份样量。

(4)确定采样方法,选择采样工具。

(5)制定安全措施和质量控制措施。

(6)采样。

3.3.4　采样记录和报告

采样时应记录固体废物的名称、来源、数量、性状、包装、贮存、处置、环境、编号、份样量、份样数、采样点、采样法、采样日期、采样人,必要时,根据记录填写采样报告。

3.3.5　制样程序

(1)分拣。将采集的城市生活垃圾进一步分拣,明确其物理组成。

(2)粉碎。根据后续分析目的和要求,确定粒径大小,将城市生活垃圾按要求破碎。

(3)混匀、缩分。根据分析要求确定样品量。

(4)制定安全措施和质量控制措施。

(5)样品运输和保存。

3.3.6　制样记录和报告

制样时应记录固体废物的名称、来源、数量、性状、包装、贮存、处置、环境、编号、份样量、份样数、采样点、采样法、采样日期及采样人。

【任务实施】

1. 采样前的调查、准备

(1)生活垃圾采样前需调查并记录该地区背景资料,包括区域类型、服务范围、产生量、处理量、收运处理方式等。根据分析要求调查固体废物的产生、贮存情况,整理资料,明确采样方法和技术要点。为了使采集的样品具有代表性,在采集之前要调查研究生产工艺过程、废物类型、排放数量、堆积历史、危害程度和综合利用程度。若采集有害废物,则应根据其有害特性采取相应的安全措施。

(2)准备采样工作:固体废物的采样工具包括尖头铁锹、钢锤、采样探子、采样钻、气动和真空探针、取样铲、带盖盛样桶或内衬塑料薄膜的盛样袋等。

2. 采样点的设置和计算

根据某地区人口和市区的布置,选择若干个代表不同功能区的采样点,采样点力求分布均匀,使采集的样品具有代表性,并计划采样时间和采样量,记录在表 1-3-6 中。

表 1-3-6　调查点分布和采样记录

区　域	类　别	采样点数/个	采样量/kg	备注(采样频率时间)
居民区	高档小区			
	中档小区			
	普通小区			
	旧城居住区			
事业区	文教			
	办公			
商业区	商店(场)、饭店			
	娱乐场所			
	交通站(场)			
混合区	垃圾中转站			

采样时,将 50 L 容器(搪瓷盆)洗净,干燥,称量,记录,然后布置于点上,每个点设置若干容器,并带好备用容器。

采样量为该点 24 h 内的全部生活垃圾,到时间后收回容器,并将同一点上若干容器内的样品全部集中;面上的取样数量以 50 L 为一个单位,要求从当日卸到垃圾堆放场的每车垃圾中进行采样(即每车 5 t),共取 1 m³左右(约 20 个垃圾车)。

将各点集中或面上采集的样品中大块物料现场人工破碎,然后用铁锹充分混匀,此过程尽可能迅速完成,以免水分散失。

现场用四分法把混合后的样品缩分到 90～100 kg 为止,即初样品。将初样品装入容器,取回分析。

3. 采样记录

根据固体废物的赋存状态,选用不同的采样方法,在每一个采样点上采取一定质量的物料,并记录于表 1-3-7 中。

表 1-3-7　固体废物采样记录

采样时间:　　年　　月　　日　　　　　　　　采样地点:

样品名称		废物来源	
份样数		采样方法	
份样量		采样人	
采样现场简述			
废物产生过程简述			
采样过程简述			
样品可能含有的主要有害成分			
样品保存方式及注意事项			

4. 制　样

必要时,根据记录填写制样并记录于表 1-3-8 中。

表 1-3-8　固体废物制样记录

制样时间:　　年　　月　　日　　　　　　　　　制样地点:

样品名称		送样人	
样品量		制样人	
制样目的			
	样品性状简述		
	制样过程简述		
	制样保存方式及注意事项		

【考核与评价】

考查学生对特定固体废物能否正确制订实施方案,能否选择采样方法、采样份数、采样量、采样点等。

(1)采样方法的选择和考察。

(2)采样份数及采样量的确定。

(3)采样点的设置。

(4)采样操作。

(5)成果评价。

【讨论与拓展】

(1)对比和讨论不同固体废物采样方法。

(2)改进采样方法,反复训练不同类型固体废物的采样技术。

任务 4　城市生活垃圾性质测定

【任务描述】

实际工作中通常需要根据固体废物的性质选择适当的处理、利用和处置技术,实现固体废物污染控制的"资源化""无害化""减量化"。而对固体废物的性质分析将是正确选择固体废物处理、利用和处置方案的首要任务。在对固体废物进行实训与分析时,包含固体废物的采样与性质测定。固体废物由于量大、种类繁多且混合不均匀,因此是一种由多种物质组成的异质混合体。从固体废物这种不均匀的批量中采集有代表性的试样后,对其进行制样,并测定样品的性质。

【知识点】

生活垃圾的采样和制样及分析参见《生活垃圾采样和物理分析方法》(CJ/T 313—2009)。

4.1　城市生活垃圾的组成与性质

4.1.1　城市生活垃圾的组成

生活垃圾成分复杂,按照特征将其大致分为有机和无机两大类,有机类可分为塑料、橡胶、竹木、布纤维、茎叶、动物尸骨等;无机类包括金属制品、玻璃(陶瓷)、砖石砂土等。生活垃圾的组成与居民生活水平及习惯、家用燃料、当地经济发展水平以及气候条件有关。一般而言,经济发达、居民消费水平高的城市,其生活垃圾中有机成分比例较高,无机成分较低;反之则无机成分比例较高,有机成分较低。表 1-4-1 所列为我国几个城市生活垃圾的组成情况。

表 1-4-1　我国几个城市生活垃圾的组成　　　　　　单位:%

取样点		北京	上海	哈尔滨	厦门	杭州	福州
不可回收废物	无机物	9.1	0.82	20.2	14.5	10.62	17.14
	有机物	63.79	69.61	63.9	65.3	61.52	43.04
可回收废品		22.27	27.47	15.7	19.2	27.77	32.4

4.1.2　城市生活垃圾的性质

生活垃圾的性质主要包括物理性质、化学性质和生物性质。

1. 城市生活垃圾的物理性质

城市生活垃圾是多种物质的混合体,生活垃圾的物理性质与生活垃圾的组成密切相关,组成不同,其物理性质也不同。一般用容量、孔隙率、含水率、内摩擦力等来表示生活垃圾的物理性质,也可以通过感官直接判断,用废物的色、嗅、新鲜或腐败程度等表示。

(1)容重:单位体积垃圾的质量,它是选择和设计储存容器、收运机具及计算处理利用构筑物和填埋处置场规模等必不可少的参数。容重是随着不同的垃圾构成、生化降解的不同过程以及垃圾管理的不同环节而发生变化的。

1)自然容重:将垃圾堆积成圆锥体的自然形状时,垃圾单位体积的质量,该表示方法常用于垃圾调查分析。垃圾自然容重为(0.53±0.26) t/m³。

2)垃圾车装载容重:在垃圾装入垃圾车作业时,人为的装填、压实作用使垃圾容重增加,此时的垃圾容重就用垃圾车装载容重来表示。垃圾车装载容重为 0.8 t/m³ 左右。

3)填埋容重:指在城市生活垃圾填埋过程中,由于人为的压实所产生的容重。填埋容重随着不同的填埋压实程度和垃圾自然沉陷过程发生变化。垃圾填埋容重为 1 t/m³。

一般而言,经济发达、居民生活水平较高的大城市,垃圾中轻质有机物含量高,容重偏低,为 0.45 t/m³ 左右;而中、小城市,特别是北方城市,由于垃圾中重质无机物(主要是炉渣灰)含量高,容重偏重,为 0.6～0.8 t/m³,个别北方中、小城市生活垃圾场自然容重甚至达到 1 t/m³。

(2)孔隙率:垃圾中物料之间孔隙的容积占垃圾堆积容积的比例,它是垃圾通风间隙的表征参数,并与垃圾的容重相互关联,即容重越小的垃圾,其孔隙率一般越大,物料之间的孔隙也越大,物料的通风断面面积也越大,空气的流动阻力相应就越小,越有利于垃圾的通风。因此,孔隙率广泛应用于堆肥供氧通风以及焚烧炉内垃圾强制通风的阻力计算和通风机参数的选取。

影响孔隙率的主要元素是物料尺寸、物料强度、含水率等。物料尺寸越小,孔隙率就越大;物料结构强度越好,孔隙平均容积越大;含水率对孔隙率的影响在于水会占据物料之间的空隙并影响物料结构强度,最终导致孔隙率减少。垃圾在不同状况下的孔隙率实测参考值见表 1-4-2。

表 1-4-2   垃圾孔隙率的实测参考值

孔隙率	生垃圾		熟垃圾		煤灰			菜叶	菜叶灰混合
	未振动	振动	未振动	振动	粗	细	喷水		
1	0.780	0.725	0.571	0.498	0.790	0.764	0.638	0.608	0.618
2	0.773	0.721	0.572	0.496	0.784	0.765	0.640	0.609	0.619
3	0.779	0.725	0.576	0.499	0.782	0.765	0.642	0.610	0.617
4	0.781	0.726	0.577	0.500	0.735	0.765	0.642	0.614	0.620
5	0.776	0.724	0.576	0.499	0.789	0.763	0.640	0.611	0.621
6	0.788	0.725	0.574	0.498	0.786	0.764	0.640	0.610	0.619

(3)含水率:指单位质量的垃圾的含水量,用质量分数表示。其计算公式为

$$W = (A - B)/A \times 100\%$$

式中 A——鲜垃圾(或湿垃圾)试样原始质量;

B——试样烘干后的质量。

垃圾的含水率随成分、季节、气候等条件而变化,其变化幅度为 11%～53%(典型值为

15%～40%)。据调查,影响垃圾含水率的主要因素是垃圾中动植物含量和无机物含量。当垃圾中动植物的含量高、无机物的含量低时,垃圾含水率就高,反之则含水率低。

(4)内摩擦力:混合垃圾中,不同形状物料之间的嵌合、不同大小物料间的填充、大量物料的缠绕和牵连以及垃圾降解液和其他液态物质的黏合等综合作用,使混合垃圾物料之间及垃圾与外接触表面间存在着较大的摩擦力(静摩擦)。这种摩擦力不利于垃圾的流动和输送,如在一些垃圾料斗中,往往出现难以自流、下料的情况。在设计储存、输送、处理设施和设备时都必须考虑这一特性。然而,这一特性却有利于垃圾皮带输送。利用垃圾的内摩擦力来增大皮带的最大输送倾角,以减少设备之间的距离,节约场地。

另外,可以对垃圾颗粒表现及尺寸进行分析,还可以参考《城市生活垃圾采样和物理分析方法》(CJ/T 3039—1995)分析城市生活垃圾的性质。

2. 城市生活垃圾的化学性质

表示垃圾化学性质的特征参数主要有挥发分、灰分、元素组成、热值等,这些参数不仅反映了垃圾的化学性质,同时也是选择垃圾加工处理、回收利用方法的重要依据。

(1)挥发分:垃圾在隔绝空气加热至一定温度时,分解析出的气体产物,它是反映垃圾中有机物含量近似值的参数。挥发分主要是由气态碳氢化合物(甲烷和非饱和烷烃)、氢、一氧化碳、硫化氢等组成的可燃混合气体。由于垃圾的焚烧主要是挥发分的燃烧,因此挥发分是垃圾中可燃物的主要形式。

(2)灰分:指垃圾中不能燃烧也不能挥发的物质,也可表示为灼烧残留量(%),是垃圾中无机物含量的参数。

垃圾中的灰分大多为不可燃的无机物,不可燃的无机物灰分占垃圾灰分的90%以上,可燃物中的灰分一般小于10%。原生垃圾中无机物为20%～80%,经筛分后入炉垃圾的无机物也有20%左右。垃圾含灰分过多,不仅会降低垃圾热值,而且会阻碍可燃物与氧气的接触,增大着火和燃尽的困难。因此,减少入炉垃圾灰分,是改善其燃烧性能的主要方法。

(3)元素组成:指 C,H,O,N,S 的百分比含量。测知垃圾化学元素组成可估算垃圾的热值,以确定垃圾焚烧方法的适用性,亦可用于垃圾堆肥等处理方法中生化需氧量的估算。

(4)热值:指单位质量有机垃圾完全燃烧,并使反应产物温度回到参加反应物质的起始温度时能产生的热值。它是分析垃圾燃烧性能、判断能否选用焚烧处理工艺、设计焚烧设备、选用焚烧处理工艺的重要依据。

根据经验,当城市生活垃圾的低位热值大于 3 350 kJ/kg 时,燃烧过程无须加助燃剂,可实现垃圾的自燃烧;但当城市生活垃圾的低位热值低于该值时,垃圾燃烧过程中则需添加助燃剂。热值与垃圾元素组成有密切的关系,表 1-4-3 所例为垃圾组分元素的典型值及热值。

垃圾的化学性质可通过浸出分析和 pH、电导率(盐度)、植物养分、耗氧性有机物、重金属含量等指标分析来确定其性质,还可以对水分、挥发分、灰分、有机元素、重金属及其形态、生物质组成、燃点(闪点)、化学安全性、热值等进行综合分析,为收运、处理和利用提供依据。

表 1-4-3　垃圾组分元素的典型值及热值

| 成　分 | 质量分数/% | | | | | | 热值/（kJ/kg） |
	C	H	O	N	S	灰分	
食品垃圾	48.0	6.4	37.6	2.6	0.4	5	4 650
废纸	43.5	6.0	44.0	0.3	0.2	6	16 750
废纸板	44.0	5.9	44.6	0.3	0.2	5	16 300
废塑料	60.0	7.2	22.8	—	—	10	32 570
破布	55.0	6.6	31.2	4.6	0.1	2.5	17 450
废橡胶	78.0	10.0	—	2.0	—	10	3 260
破皮革	60.0	8.0	11.6	10.0	0.4	10	7 450
园林废物	47.8	6.0	38.0	3.4	0.3	4.5	6 510
废木料	49.5	6.0	42.7	0.2	0.1	1.5	18 610
碎玻璃	2					98	140
罐头盒	2					98	700
金属	2					98	700
土、灰、砖	24.2	3.0	2.0	0.5	0.3	70	6 980
混合垃圾							10 470

3. 城市生活垃圾的生物性质

城市生活垃圾的生物特性包括两个方面的含义：一是城市生活垃圾本身所具有的生物性质；二是城市生活垃圾的可生物处理性能，即可生化性。

（1）垃圾生物性质：城市生活垃圾本身所具有的生物性质包括致病微生物含量和生物毒性。致病微生物含量指大肠杆菌（粪大肠杆菌）、沙门氏菌等的含量，生物毒性指急性毒性、慢性毒性、基因毒性等。

（2）可生化性：城市生活垃圾的可生化性是选择生物处理方法和确定处理工艺的主要依据（如堆肥、厌氧消化等）。垃圾的可生化性主要取决于垃圾中有机物质的含量。城市生活垃圾中含有的有机物主要有水溶性物质、半纤维素、纤维素、脂肪、蛋白质、蜡质等。垃圾的可生化性可用挥发性有机物含量（V_s）、生化需氧量（BOD_5）、木质素含量等参数来衡量，其中木质素含量被认为是相对较好的衡量指标，它与垃圾可生化性之间的关系：

$$B_F = 0.83 - 0.028 L_C$$

式中　B_F——垃圾挥发性有机物（V_S）中可生物降解固体的含量，%；

L_C——垃圾中木质素的含量（干基），%。

4.2　其他相关知识

4.2.1　物理性质分析

物理性质分析包括物理组成分析、容量测定及含水量测定。

垃圾的含水率是研究垃圾特性、选择和确定处理方法时必不可少的参数。测定垃圾含水率的目的主要有 3 个：

(1)以垃圾干物质为基础(干基)，计算垃圾中各成分的含量。

(2)科学合理地计算垃圾堆放场或填埋场产生的渗滤液量。

(3)将垃圾进行堆肥或焚烧处理时，可作为处理过程的重要调节控制参数。

测定垃圾容量后选取一部分，先人工挑出大块石块、煤渣和塑料装袋；再使其通过孔径为 10 mm 的钢丝筛，筛下的作为筛下混合物装袋；然后将未筛下的石块、煤渣和塑料挑选出来；最后，所有的石块和煤渣等作为无机物装袋，所有的塑料装一袋，剩下的筛上物作为可腐物装袋。4 个组分都装在黑色塑料袋中，分别贴上标签后运回实训室进行分析测定。塑料袋置于室内避风阴凉处，保存期不超过 24 h。样品测完含水率后，粉碎为 80 目的细末，缩分后装袋备用，为垃圾理化性质测定做好准备。

4.2.2　化学性质分析

1. 挥发分

挥发分指烘干后的城市生活垃圾在 550～600 ℃ 条件下燃烧后的损失量，这个指标常用于表示城市生活垃圾的可燃成分，是确定城市生活垃圾发热量的重要指标。

2. 灰　分

灰分是指除去水分、挥发分后残留部分的比例。

3. 热　值

城市生活垃圾的热值为分析燃烧性能、判断能否选用焚烧处理工艺提供重要依据。

对生活垃圾固体废物和无法确定相对分子质量的混合物，其单位质量完全氧化时的反应热称为热值。

测量热效应的仪器称为量热计(卡计)。本实训用氧弹卡计，图 1-4-1 所示为氧弹卡计外形，图 1-4-2 所示为氧弹卡计剖面图。测量基本原理：根据能量守恒定律，样品完全燃烧释放的能量促使氧弹卡计本身及其周围的介质(本实训用水)温度升高，通过测量介质燃烧前、后温度的变化，就可以求算该样品的燃烧热值。其计算式为

$$mQ_v = (3\ 000\rho C + C_卡)\Delta T - 2.9\ L$$

式中　Q_v——燃烧热，J/g；

　　　ρ——水的密度，g/cm³；

　　　C——水的比热容，J/(℃·g)；

　　　m——样品的质量，kg；

　　　$C_卡$——卡计的水当量，J/℃；

　　　ΔT——燃烧前、后温度差；

L——铁丝的长度，cm（其燃烧值为 3.9 J/cm）；

3 000——实验用水量，mL。

氧弹卡计的水当量 $C_卡$ 一般用纯净苯甲酸的燃烧热来标定，苯甲酸的恒容燃烧热 $Q = 26\,460$ J/g。

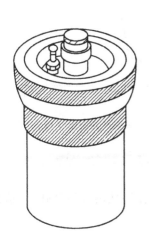

图 1-4-1　氧弹卡计外形

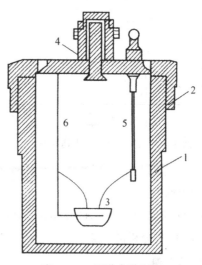

图 1-4-2　氧弹卡计剖面

1—壁；2—盖；3—小皿；4—出气道；5—进气管电极；6—另一根电极

为了实训的准确性，完全燃烧是实训成功的第一步。要保证样品完全燃烧，氧弹中必须充足高压氧气（或其他氧化剂），因此要求氧弹密封、耐高压、耐腐蚀，同时粉末样品必须压成片状，以免充气时冲散样品，使燃烧不完全而引起实训误差。第二步还必须使燃烧后释放的热量不散失，不与周围环境发生热交换而全部传递给卡计本身和其中盛放的水，促使卡计和水的温度升高。为了减少卡计与环境的热交换，卡计放在一恒温的套壳中，故称环境恒温或外壳恒温卡计。卡计必须高度抛光，也是为了减少热辐射。卡计和套壳中间有一层挡屏，以减少空气的对流量。虽然如此，但热漏还是无法完全避免，因此燃烧前、后温度变化的测量值必须经过雷诺数法校正。校正方法如下：

称取适量待测物质，使燃烧后水温升高 1.5～2.0 ℃。预先调节水温低于室温 0.5～1.0 ℃，然后将燃烧前、后历次观察的水温对时间作图，连成 *FHIDG* 折线（图 1-4-3），图中 *H* 相当于开始燃烧之点，*D* 为观察到最高的温度读数点，作相当于室温的平行线 *JI* 交折线于 *I*，过 *I* 点作 *ab* 垂线，然后将 *FH* 线和 *GD* 线外延交 *ab* 线于 *A*，*C* 两点，*A* 点与 *C* 点所表示的温度差即欲求的 ΔT。图中 *AA*′ 为开始燃烧到温度上升至室温这一段时间 Δt_1 内，由环境辐射进来和搅拌引进的能量而造成卡计温度的升高，必须扣除。*CC*′ 为温度由室温升高到最高点 *D* 这一段时间 Δt_2 内，卡计向环境辐射出能量而造成卡计温度的降低，因此需要添加上。由此可见，*A*，*C* 两点的温差较客观地表示了由于样品燃烧促使卡计温度升高的数值。有时卡计的绝热情况良好，热漏小，而搅拌器功率大，不断引进微量能量使得燃烧后的最高点不出现（图 1-4-4），这种情况下 Δt 和 ΔT 仍然可以按照同法校正。

温度测量采用贝克曼温度计，其工作原理和调节方法参阅其说明书。

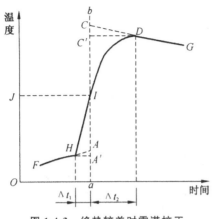

图 1-4-3　绝热较差时雷诺校正

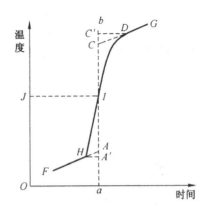

图 1-4-4　绝热良好时雷诺校正

4. 元素组成

如总 C,总 N,总 P,总 K,Cu,Zn,Cr,Pb,As 等,实施时可在特性调查的基础上,结合后续处理需要选择要分析的元素。

5. 有机质含量

采用堆肥法处理垃圾时,垃圾中的有机质含量是必须考虑的重要参数。

【任务实施】

合理制备和保存样品,按照分析程序,根据需要依次测定城市生活垃圾的容重、含水率等指标。

1. 容重的测定

(1)取样制样:取具有代表性的试样,按堆积的自然状态将其放进一定容量的容器,称重并计算质量与容量之比。

(2)仪器设备:磅秤,标准容器,有效高度为 100 cm、容积为 120 L 的硬质塑料圆桶。

(3)步骤:将 100～200 kg 样品重复 2～4 次放满标准容器,每桶振动 3 次但不得压实。分别称量各次样品质量。

(4)结果表示:

$$d = \frac{1\,000}{m} \sum_{j=1}^{m} \frac{M_j - M}{V}$$

式中　d——生活垃圾容重,kg/m³;

　　　　m——重复测定次数;

　　　　j——重复测定序次;

　　　　M——生活垃圾桶重量,kg;

　　　　M_j——每次称重量(含容器重量),kg;

　　　　V——生活垃圾桶容积,L。

计算结果以 3 位有效数字表示。

2. 物理组成分析

(1)设备:分样筛(孔径为 10 mm)、磅秤(最小分度值为 50 g)及台秤(最小分度值为 5 g)。

(2)步骤:

1)称量生活垃圾样品总质量 W_2。

2)分拣生活垃圾样品中的各成分。

3)将粗分拣后剩余的样品充分过筛(孔径 10 mm),筛上物仔细分拣各成分,筛下物按其主要成分分类,确实分类困难的归为混合类。

4)分别称量各成分质量 W_1。

采样后应立即进行物理组成分析,否则,必须将样品摊铺在室内避风、阴凉、干净的铺有防渗塑胶的水泥地面,厚度不超过 50 mm,并防止样品损失和其他物质的混入。将垃圾通过手工分拣,目测确定垃圾的成分,分别称重,算出城市生活垃圾组成成分含量比(或质量百分比)。

$$C_i(质量百分比) = \frac{W_1}{W_2} \times 100\%$$

将各组分所占比例记录于表 1-4-4 中。

表 1-4-4　垃圾成分记录

项　目	有机物		无机物		可回收物						
成分	动物	植物	灰土	砖瓦、陶瓷	纸类	塑料、橡胶	纺织物	玻璃	金属	木竹	其他
比例											

3. 含水率测定

(1)设备:电热鼓风干燥箱、搪瓷托盘、台秤、干燥器、塑料容器及金属容器。

(2)步骤:

1)将样品的各种成分分别放在干燥的容器内,置于电热鼓风恒温干燥箱内,在(105±5)℃的条件下烘 4～8 h(厨余类生活垃圾可适当延长烘干时间),待冷却 0.5 h 后称重。

2)重复烘 1～2 h,冷却 0.5 h 后再称重,直至两次称重之差小于样品量的百分之一。妥善保存烘干后的各种成分,用于生活垃圾其他项目的测定。

(3)计算:

$$C_i(W) = \frac{W_i - W_i'}{W_i} \times 100\%$$

$$C_c(W) = \sum_{i=1}^{n} C_i(W) \times C_i$$

式中　$C_i(W)$——某成分含水率;

$C_c(W)$——样的含水率;

C_i——某成分湿基含量;

W_i——某成分湿重,kg 或 g;

W_i'——某成分干重,kg 或 g;

i——各成分序数;

n——成分数。

4. 灰分的测定

(1)仪器设备:马弗炉、小型万能粉碎机、标准筛、孔径为 0.5 mm 的网目、天平(感量为 0.000 1 g)、干燥器、坩埚及坩埚钳和耐热石棉板。

(2)测定步骤:将烘干的垃圾分别放入研钵中研磨至粉碎,然后各样品用分析天平称取 (5.0±0.1) g(精确到 0.000 1 g),放入箱式电炉中,缓慢将炉温升至 850 ℃,当达到此温度时,继续灼烧 1.5 h,取出坩埚冷却到室温,称量。

1)挥发分,指的是烘干后的城市生活垃圾在 550～600 ℃ 条件下燃烧后的损失量。

2)可燃分,垃圾的可燃分(%)按下式计算:

$$实际生活垃圾中的可燃分 = 100\% - 水分 - 实际垃圾的灰分$$

5. 热值的测定

垃圾热值的测定方法有直接实训测定法、经验公式法和组分加权计算法。当垃圾的成分未知时,常用燃烧测定仪器——氧弹热量计进行直接实训测定,其详细测定过程如下。

(1)实训准备:

1)氧弹卡计、放大镜、贝克曼温度计及 0～100 ℃ 温度计各一支。

2)氧气钢瓶、万用表、氧气表、压片机及变压器各一支(台)。

3)苯甲酸(分析纯或燃烧热专用)若干,铁丝若干。

(2)测定卡计的水当量 $C_卡$:

1)样品压片。用台秤称取约 1 g 的苯甲酸(切勿超过 1.1 g)。分析天平准确称量长度为 15 cm 长的铁丝。如图 1-4-5(a)所示,将铁丝穿在模底内,下面填以托板,渐渐旋紧压片机的螺丝[图 1-4-5(b)],直到压紧样品为止(压得太过分会压断铁丝,以致造成样品点火不能燃烧起来)。抽去模底下的托板,再继续向下压,则样品和模底一起脱落。压好样品形状如图 1-4-5(c)所示,将此样品在分析天平上准确称量后即可供燃烧用。

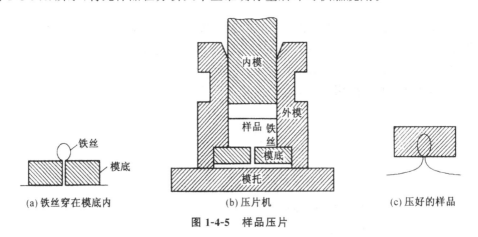

图 1-4-5　样品压片

2)充氧气。在氧弹中加入 1 mL 蒸馏水,再将样品片上的铁丝固定于氧弹中两根电极上。打开氧弹出气道,旋紧氧弹盖,用万用表检查进气管电极与另一根电极是否通路,若通路,则旋紧出气道后就可以充氧气了,如图 1-4-6 所示。充氧气程序如下:将氧气表头的导管和氧弹的进气管接通,此时阀门 2 应逆时针旋松(即关紧)。打开阀门 1,直至表 1 指针指在表压 100 kg/cm²(1 kg/cm² = 98.066 5 kPa)左右,然后渐渐旋紧阀门 2(即渐渐打开)。

使表 2 指针指在表压 20 kg/cm^2,此时氧气已充入氧弹中。1~2 min 后旋松(即关闭)阀门 2,关闭阀门 1,再松开导管,氧弹已充有 21 atm(1 atm=1013 25 Pa)的氧气(注意不可超过 30 atm),可作燃烧之用。但阀门 2 到阀门 1 之间尚有余气,因此要旋紧阀门 2 以放掉余气,再旋松阀门 1,使氧气瓶和氧气表头恢复原状。

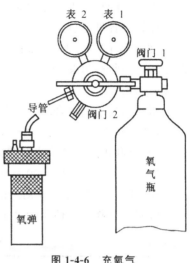

图 1-4-6 充氧气

3)燃烧和测量温度。将充好氧气的氧弹再用万用表检查是否通路,若通路则将氧弹放入恒温套层内。用容量瓶准确量取已被调节到低于室温 0.5~1.0 ℃的自来水 3 000 mL,并倒入盛水桶内。装好搅拌电动机,盖上盖子,将已调节好的贝克曼温度计插入水中,将氧弹两电极用电极线连接在点火变压器上。然后开动搅拌电动机,待温度稳定上升后,每隔 1 min 读取贝克曼温度计一次(读数时用放大镜准确读至千分之一度),这样持续 10 min,按下变压器上的电键通电点火。若变压器上指示灯亮后熄灭而温度迅速上升,则表示氧弹内样品已燃烧,可以停止按电键;若指示灯亮后不熄灭,则表示铁丝没有烧断,应立即加大电流引发燃烧;若指示灯根本不亮或者虽加大电流也不熄灭,而且温度也不见迅速上升,则可以当温度升到最高点以后,读数仍改为 1 min 一次,持续 10 min,方可停止实训。

实训停止后,小心取下温度计,拿出氧弹,打开氧弹出气口,放出余气,最后旋出氧弹,检查样品燃烧的结果。若氧弹中没有什么燃烧的残渣,则表示燃烧完全;若氧弹中有许多黑色的残渣,则表示燃烧不完全,实训失败。烧后剩下的铁丝长度必须用尺测量,并把数据记录下来。最后倒去自来水,擦干盛水桶待下次实训用。

(3)样品热值的测定:

1)固体状样品的测定。将混匀具有代表性的生活垃圾或固体废物粉碎成粒径为 2 mm 的碎粒。若含水率高,则应于 105 ℃烘干,并记录水分含量,然后称取 1.0 g 左右,同上法进行实训。

2)流动性样品的测定。有流动性污泥或不能压成片状物的样品,则称 1.0 g 左右样品置于小皿,铁丝中间部分浸在样品中,两端与电极相连,同上法进行实训。

(4)数据处理:

1)用图解法求出由苯甲酸燃烧引起卡计温度变化的差值 ΔT_1,并根据公式计算卡计的水当量。

2)用图解法求出样品燃烧引起卡计温度变化的差值 ΔT_2,并根据公式计算样品的热值。当垃圾元素组成已知时,可用如下经验公式法估算垃圾的热值:

$$Q_H = 800C + 300H + 26(O+S)$$
$$Q_L = 800C + 300H + (O+S) + 6(W+9H)$$

式中 Q_H——高位热值;

Q_L——低位热值;

H,C,O,S——垃圾元素组成中的氢、碳、氧、硫的质量分数,%;

W——垃圾含水量(质量分数),%。

当垃圾的物理组成已知时,可利用各单一组分的热值、质量分数,通过加权公式来计算,具体计算过程见下例。

[例 1-4-1] 有 1 000 kg 混合垃圾,其物理组成是:食品垃圾 250 kg、废纸 400 kg、废塑料 130 kg、破布 50 kg、废木料 20 kg,其余为土、灰、砖等。请利用表 1-4-3 的数据求该混合垃圾的热值。

解:(1)先求出混合垃圾中灰、土、砖等的数量:

1 000－250－400－130－50－20＝150 kg

(2)再利用加权公式求其热值:

Q＝(250×4 650＋400×16 750＋130×32 570＋50×17 450＋20×18 610＋150×6 980)÷1 000＝14 388.3 kJ/kg

将固体废物物理性质记录于表 1-4-5。

表 1-4-5　固体废物物理性质记录

功能区	地　点	容　量	含水量	灰　分	可燃分	热　值
居民区	高档小区					
	中档小区					
	普通小区					
	旧城居住区					
事业区	文教					
	办公					
商业区	商店(场)、饭店					
	娱乐场所					
	交通站(场)					
混合区	垃圾中转站					

6. 元素组成等分析

(1)重金属分析:参照固体废物浸出毒性测定方法,按照原生垃圾的物相组成按比例称量配成 100 g 干基,置于浸出容器中,加去离子水,用乙酸及氨水调节 pH 至 5.8～6.3,将容器固定在往复水平振荡器上,振幅为 40 mm,室温震荡 8 h,静置 16 h,滤液用原子吸收光谱仪测试。

(2)碳、硫含量的测定:分别采用燃烧-容积法测定碳含量,燃烧-碘量法测定硫含量。

1)仪器:管式定碳定硫仪。

2)步骤:配制标准的含有碳、硫的标准样品。将优质膨润土于马弗炉中 850 ℃下灼烧1 h,冷却后称取该膨润土并加入一定量的邻苯二甲酸氢钾和升华硫黄,于研钵中研磨混合,称取每份 0.500 0 g 进行 10 次测定,结果的相对标准偏差(CV)应小于 5%。称取一定量的经过灼烧的膨润土和样品(质量比为 100：1),混合研磨后,进行碳、硫含量测定,以标准样品为基准,计算出垃圾样品中的碳、硫含量。

(3)氮含量的测定:用凯氏消化蒸馏法测定氮含量。

1)仪器:凯氏烧瓶、电光天平、电炉等。

2)步骤:

①称取 2.000 g 制备的样品加入凯氏烧瓶中,加入消解液,在通风柜中消解完全。

②冷却后,用无氨水稀释,加入氢氧化钠-硫代硫酸钠溶液蒸馏,用硼酸溶液收集馏出液。

③用盐酸标准溶液滴定馏出液至反应终点,同时做空白实验。

(4)磷含量的测定:在酸性条件下,加入钒酸盐-钼酸盐显色,用分光光度计测定吸光度。

1)仪器:分光光度计、凯氏烧瓶和电光天平。

2)步骤:

①取 0.200 0 g 试样于凯氏烧瓶中,加入消解液消解。

②配制磷酸二氢钾标准溶液,加入钒酸盐-钼酸盐显色剂,用分光光度计测定吸光度,绘制标准曲线。

③试样测定。将消解好的试样溶液移入比色管中,加入显色剂,用分光光度计测定吸光度。在标准曲线上找出试样的对应值,同时做空白实验。

(5)钾的测定:在硝酸-硫酸的联合作用下,试样中与有机物结合的以及与悬浮颗粒相结合的钾转化为盐溶液,用原子吸收分光光度计测定钾含量。

1)仪器:原子吸收分光光度计和钾空心阴极灯。

2)步骤:

①配制钾标准溶液。

②确定钾测定条件,测定钾标准溶液的吸光度值,绘制标准曲线。

③样品预处理。准确称取制备的样品,在硫酸-硝酸介质中消解完全,再转移到容量瓶中定容。

④按钾标准曲线测定操作,测定试样溶液吸光度值,在钾标准曲线上查找钾的对应值。

将固体废物元素分析测定结果记录在表 1-4-6 中。

表 1-4-6　固体废物化学性质记录

功能区	地　点	总 N/%	总 C/%	总 P/% (P_2O_5)	总 K/% (K_2O)	Cu/ (mg/kg)	Zn/ (mg/kg)	Cr/ (mg/kg)	Pb/ (mg/kg)	As/ (mg/kg)
居民区	高档小区									
	中档小区									
	旧城居住区									
事业区	文教									
	办公									
商业区	商店(场)、饭店									
	娱乐场所									
	交通站(场)									
混合区	垃圾中转站									

【考核与评价】

考查学生能否结合固体废物性质提出性质分析的主要指标,检验分析计划,正确操作并得出结论等。

(1)分析计划的制订。

(2)性质分析方法及操作技能的掌握。

【讨论与拓展】

各小组就固体废物性质分析计划和实施过程中出现的问题和获得的经验进行讨论,通过验证,改进分析方案,提高操作技能。

任务5 绘制生活垃圾分选工艺流程图

【任务描述】

已知混合收集的某校园生活垃圾的主要成分见表1-5-1。

表 1-5-1 垃圾成分

垃圾组分	有机物	无机物	纸 类	金 属	塑 料	玻 璃	其 他
含量/%	50.3	31.3	2.08	3.18	9.13	1.28	2.81

有机物组分包括食品残余、果皮、植物残余等。

无机物组分包括砖瓦、炉灰、灰土、粉尘等。

垃圾容重平均值为 0.49 t/m³，含水率为 45.7%。

垃圾中塑料以超薄型塑料袋为主，废纸以卫生间的废纸为主。

垃圾热值为 1 923 kJ/kg。

分选系统工作量为 290 t/d，日工作时间为 20 h。

从我国的城市生活垃圾的现状出发，考虑到城市垃圾组成的特点和我国劳动力资源丰富的特点，采用机械分选为主、人工粗选为辅的方法。对于回收利用经济效率不高的固体废物直接作为垃圾焚烧的原料。分选工艺采用城市生活垃圾简易的处理方法，以分选产物作为填埋、堆肥和焚烧为目的，以达到城市生活垃圾的减量化、稳定化、无害化。请绘制混合收集的校园生活垃圾分选处理工艺流程图。

【知识点】

5.1 固体废物的压实技术

5.1.1 压实的目的及原理

1. 压实的目的

压实又称压缩，是利用机械的方法增加固体废物的聚集程度，增大容量和减小体积，便于装卸、运输、贮存和填埋。

压实技术主要用于生活垃圾。一般，生活垃圾压实后，体积可减少 60%～70%。垃圾压实的作用如下：一是通过压实可减少固体废物的体积，增加其密实性和垃圾车的收集量，以便运输和处置，减少运输量及处置场体积，降低固体废物运输和处理、处置费用（成本）；二是制取高密度惰性块料，便于贮存、填埋或利用。例如，城市生活垃圾经多次压缩后，其密度可达1 380 kg/m³，体积比压缩前减少一半以上，因而可大大提高运输车辆的装载效率。而惰性固体废物如建筑垃圾，经压缩成块后，用作地基或填海造地的材料，上面只需覆盖很薄的土层，即可再恢复利用。

2. 压实原理

压实是一种采用机械方法将固体废物中的空气挤压出来，以减少其孔隙率，增加聚集程度（容重），减少固体废物表观体积（表观体积是废物颗粒有效体积与空隙占有体积之和，当对固体废物实施压实制作时，随压力的增大，空隙体积减小，表观体积也随之减小，而容重增加）的过程。压实是提高运输和管理效率的一种操作技术。

5.1.2 压实程度的表示方法

1. 容　重

在自然堆积状态下，单位体积物料的质量称为该物料的容重，以 kg/L 或 t/m^3，kg/m^3 表示。

2. 压缩比（r）

压缩比可定义为：原始状态下物料的体积 V_q 与压缩后的体积 V_h 的比值，即

$$r = V_q / V_h$$

式中　r——压缩比；

　　　V_q——原始状态下物料的体积；

　　　V_h——压缩后的体积。

显然 r 越大，压实效果越好。

废物压缩比取决于废物的种类及施加的压力。一般固体废物的压缩比为 3～5，采用二次压实技术可使压缩比增加到 5～10。压实操作的具体压力大小可根据处理废物的物理性质（如易压缩性、脆性等）而定。以城市生活垃圾为例，压实前容重通常为 0.1～0.6 t/m^3，经过一般机械压实后，容重可提高到 1 t/m^3 左右。如果通过高压压缩，则垃圾容重可达到 1.125～1.38 t/m^3，体积可减少为原来体积的 1/3～1/10。日本有 12% 的垃圾是经过压实处理后，再进行填埋处理的。法国正在试验通过掺入黏合剂，并采用更高压力将垃圾压实到原来体积的 1/20。因此固体废物填埋前常需进行压实处理，尤其对松散型废物（如冰箱、洗衣机）或中空性废物（如纸箱、纸袋等）事先压碎更显必要。可见，压实适用于压缩性能大而回复性能小的固体废物，不适用于某些较密实的固体和弹性废物。实践证明，未经破碎的原状城市生活垃圾，压实容重极限值约为 1.1 t/m^3。比较经济的方法是先破碎再压实，可提高压实效率，即用较小的压力取得相同的增加容重效果。

5.2　压实的设备及选择

5.2.1　压实设备

固体废物的压实设备称为压实器，其种类很多，但原理基本相同。压实设备一般都由一个供料单元和一个压实单元组成，供料单元容纳固体废物原料并将其转入压实单元；压实单元的压头通过液压或气压提供动力，通过高压将废物压实。固体废物的压实器可以分为固定式压实器和移动式压实器两类，这两类压实器的工作原理大体相同。固定式压实器主要在工厂内部使用，一般设在中转站、高层住宅垃圾滑道底部以及需要压实废物的场合。移动式压实器一般安装在垃圾收集车上，接受废物后即行压缩，随后送往处理、处置场地。压实

器由于所压物的差异又分为水平式、三向联合式及回转式。下面介绍几种常见的压实设备。

1. 水平式压实器

水平式压实器的结构如图 1-5-1 所示。其操作是靠做水平往复运动的压头将废物压到矩形或方形的钢制容器中,随着容器中废物的增多,压头的行程逐渐变短,装满后压头呈完全收缩状。此时可将铰链连接的容器更换,将另一空容器装好再进行下一次压实操作。

2. 三向联合式压实器

三向联合式压实器的结构如图 1-5-2 所示。其有 3 个相互垂直的压头,废物置于料斗后,三向压头 1,2,3 依次实施压缩将废物压实成密实的块体。该装置多用于松散金属类废物的压实。

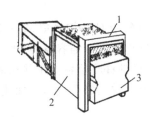
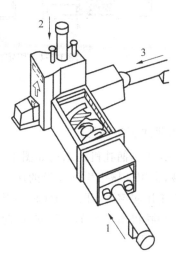

图 1-5-1　水平式压实器　　　　　图 1-5-2　三向联合式压实器
1—破碎杆;2—装料室;3—压面　　　　　　1,2,3—压头

3. 回转式压实器

回转式压实器的结构如图 1-5-3 所示。其平板型压头连接于容器一端,借助液压驱动。这种压实器适于压实体积小、质量轻的固体废物。

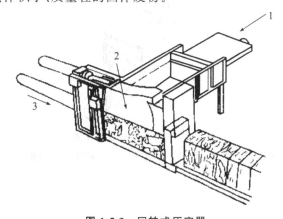

图 1-5-3　回转式压实器
1、3—压头;2—容器

4. 固定式高层住宅垃圾压实器

固定式高层住宅垃圾压实器的结构如图 1-5-4 所示。其工作过程如下：(a) 为开始压缩，此时从滑道中落下的垃圾进入料斗；(b) 为压缩臂全部缩回处于起始状态，垃圾充入压缩室内；(c) 为压缩臂全部伸展，垃圾被压入容器中。如此反复，垃圾被不断充入，并在容器中压实。

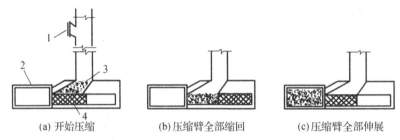

(a) 开始压缩　　　　(b) 压缩臂全部缩回　　　　(c) 压缩臂全部伸展

图 1-5-4　固定式高层住宅垃圾压实器工作过程

1—垃圾投入口；2—容器；3—垃圾；4—压臂

5. 水平式压实捆扎机

水平式压实捆扎机的结构如图 1-5-5 所示。其特点是结构简单、效率较高，是一种中密度的机械，常用于城市生活垃圾的压实。首先将物料放入压缩容器内，水平运输机水平地将物料压送至压实室中，压缩构件将物料压实，最后推动杆将物料推出并在捆扎室中捆扎。水平式压实捆扎机由于是单向压缩，因此压实的密度比三向联合式压实捆扎机小，但其经济实用，被广泛应用。

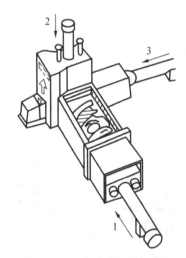

图 1-5-5　水平式压实捆扎机

1—水平输送机；2—压缩构件；3—压实室；4—出料槽；5—捆扎室；6—推动杆

5.2.2　压实器的选择

为了最大限度减容,获得较高的压缩比,应尽可能选择适宜的压实器。影响压实器选择的因素很多,除废物的性质外,主要应从压实器性能参数进行考虑。

1. 装载面尺寸

压实器的装载面尺寸应足够大,以便容纳用户所产生的最大件的废物。如果压实器的容器用垃圾车装填,为了操作方便,就要选择至少能够处理一满车垃圾的压实器。压实器的装载面的尺寸一般为 0.765～9.180 m²。

2. 循环时间

循环时间是指压头的压面从装料箱把废物压入容器,然后再回到原来完全缩回的位置,准备接受下一次装载废物所需要的时间。循环时间变化范围很大,通常为 20～60 s。如果希望压实器接受废物的速度快,则要选择循环时间短的压实器;但这种压实器是按每个循环操作压实较少数量的废物而设计的,重量较轻,可牢固性差,其压实比也不一定高。

3. 压面压力

压面压力通常根据某一具体压实器额定作用力的参数来确定,额定作用力作用在压头的全部高度和宽度上。固定式压实器的压面压力一般为 103 kPa～3 432 kPa。

4. 压面行程

压面行程是指压面压入容器的深度。压头进入压实容器中越深,装填得越有效、越干净。为防止压实废物填满时反弹回装载区,要选择行程长的压实器,现行的各种压实器的实际进入深度为 10.2～66.2 cm。

5. 体积排率

体积排率即处理率,它等于压头每次压入容器的可压缩废物体积与每小时机器的循环次数之积,通常要根据废物生产率来确定。

6. 压实器与容器匹配

压实器应与容器匹配,最好由同一厂家制造,这样才能使压实器的压力行程、循环时间、体积排率以及其他参数相互协调。如果两者不相匹配,如选择不可能承受高压的轻型容器,则在压实操作的较高压力下,容器很容易发生膨胀变形。

此外,在选择压实器时,还应考虑与预计使用场所相适应,要保证轻型车辆容易进出装料区和达到容器装卸提升位置。

5.2.3　压实流程与应用

图 1-5-6 所示为国外某城市生活垃圾压缩处理工艺流程。垃圾先装入四周垫有铁丝网的容器中,然后送入压实器压缩,压力为 1 500～2 000 N,压缩为原来体积的 1/5。

该流程中压块由向上的推动活塞推出压缩腔,送入 180～200 ℃沥青浸渍池 10 s,涂浸沥青防漏,冷却后经运输带装入汽车运往垃圾填埋场。压缩污水经油水分离槽后进入活性污泥处理系统,处理水灭菌后排放。

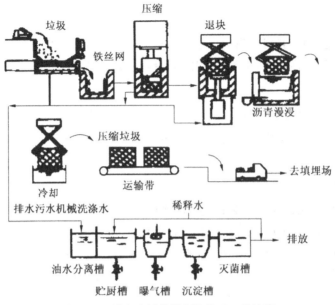

图 1-5-6　城市生活垃圾压缩处理工艺流程

5.3　固体废物的破碎技术

5.3.1　破碎的目的、方法和原理

利用人力或机械等外力的作用,破坏固体废物质点间的内聚力和分子间的作用力而使大块固体废物破碎成小块的过程称为破碎,使小块固体废物颗粒分裂成细粉的过程称为磨碎。破碎是固体废物处理技术中最常用的预处理工艺。

1. 破碎的目的

固体废弃物破碎作业的主要目的是减小垃圾的颗粒尺寸,增大垃圾形状的均匀度,以便后续处理工序的进行。破碎处理具体作用如下:

(1)使垃圾均匀化。破碎使原来不均匀的垃圾均匀一致,可提高焚烧、热解、熔融、压缩等作业的稳定性和处理效率。

(2)增加垃圾的容重,减少垃圾的体积,以便于垃圾的压缩、填埋,节约土地。

(3)便于材料的分离回收,为后续加工和资源化利用做准备,有利于从中分选、拣选、回收有价值的物质和材料。

(4)防止粗大、锋利的废物损坏分选、焚烧、热解等处理、处置设备。

2. 破碎的方法及适用范围

破碎按破碎固体废物所用的外力,可分为机械能破碎和非机械能破碎两类方法。

机械能破碎使用工具对固体废物施力而将其破碎,根据对破碎物料的施力特点,可将物料的破碎方式分为冲击、挤压、减压、摩擦破碎等(图 1-5-7)。

非机械能破碎是利用电能、热能等对固体废物进行破碎的新方法,如低温破碎、热力破碎、超声波破碎等。

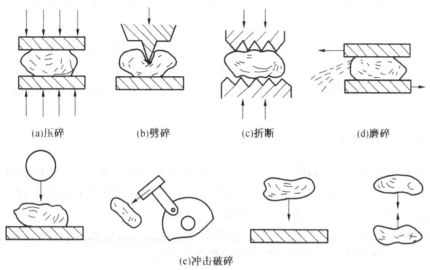

(a)压碎   (b)劈碎   (c)折断   (d)磨碎

(e)冲击破碎

图 1-5-7 破碎方式示意

选择破碎方法时,需视固体废物的机械强度和硬度而定。对于脆硬性废物,如各种废石、废渣等多采用挤压、劈裂、弯曲、冲击、磨剥破碎等;对于柔硬性废物,如废钢铁、废汽车、废器材、废塑料等,多采用冲击和剪切破碎。对于含有大量废纸的城市生活垃圾,近几年来有些国家已经采用半湿式或湿式破碎;对于一般粗大固体废物,往往不是直接将它们送进破碎机,而是先剪切,再压缩成型,最后送入破碎机。

3. 固体废物的机械强度和破碎比

(1)固体废物的机械强度:是指固体废物抗破碎的阻力,通常可用抗压强度、抗拉强度、抗剪强度和抗弯强度来表示,一般以固体废物的抗压强度为标准来衡量。固体废物的机械强度与废物颗粒的粒度有关,粒度小的废物颗粒,其裂缝比大粒度颗粒要小,因而机械强度较高。

(2)破碎比:是指在破碎过程中,原废物粒度与破碎产物粒度的比值。破碎比表示废物粒度在破碎过程中减小的比率,即表征废物被破碎的程度。通常将废物每经过一次破碎机的过程称为一个破碎段。对于由多个破碎机串联组成的多段破碎比,其总的破碎比等于各段破碎比乘积。

一般破碎机的平均破碎比为 3～30,磨碎机的破碎比可达 40～400 以上。若要求破碎比不大,则一段破碎即可满足。例如,对于浮选、磁选、电选等工艺来说,由于要求的入选粒度很细,因此破碎比很大,往往需要把几台破碎机依次串联,或根据需要把破碎机和磨碎机依次串联组成破碎或磨碎流程。破碎段数是决定破碎工艺流程的基本指标,主要决定破碎废物的原始粒度和最终粒度。破碎段数越多,破碎流程就越复杂,工程投资相应增加,因此,在可能的条件下,应尽量采用一段或两段流程。

破碎比的计算方法有以下两种:

1)用废物破碎前的最大粒度(D_{max})与破碎后的最大粒度(d_{max})的比值来确定破碎比(i):

$$i = D_{max}/d_{max}$$

该法确定的破碎比称为极限破碎比,在工程设计中常被采用,根据最大块直径来选择破碎机给料口宽度。

2)用废物破碎前的平均粒度(D_{cp})与破碎后平均粒度(d_{cp})的比值来确定破碎比(i):

$$i = D_{cp}/d_{cp}$$

该法确定的破碎比称为真实破碎比,能较真实地反映破碎程度,所以,在科研及理论研究中常被采用。

5.3.2　破碎设备及应用

选择破碎设备时,必须综合考虑下列因素:①所需要的破碎能力;②固体废物的性质(如破碎特性、硬度、密度、形状、含水率等)和颗粒的大小;③对破碎产品粒径大小、粒度组成、形状的要求;④供料方式;⑤安装操作场所情况。

常用的破碎机有颚式破碎机、冲击式破碎机、辊式破碎机、剪切式破碎机、球磨机、特殊破碎机等。下面分别介绍比较典型和常用的几种破碎设备。

1. 颚式破碎机

颚式破碎机是利用两颚板对物料的挤压和弯曲作用,粗碎或中碎各种硬度物料的破碎机械。其破碎机构由固定颚板和可动颚板组成,当两颚板靠近时物料即被破碎,当两颚板离开时小于排料口的料块由底部排出。图 1-5-8 和图 1-5-9 所示分别为简单摆动颚式破碎机和复杂摆动颚式破碎机的工作原理示意图。

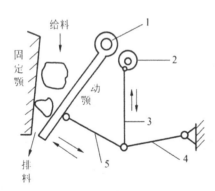

图 1-5-8　简单摆动颚式破碎机工作原理示意
1—心轴;2—偏心轴;3—连杆;4—后肘板;5—前肘板

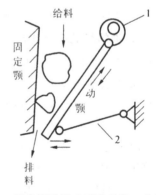

图 1-5-9　复杂摆动颚式破碎机的工作原理示意
1—偏心轴;2—肘板

简单摆动颚式破碎机主要由机架、工作机构、传动机构、保险装置等部分组成。前后推力板做舒张及收缩运动,从而使动颚时而靠近固定颚,时而又离开固定颚。动颚靠近固定颚时就对破碎腔内的物料进行压碎、劈碎及折断,破碎后的物料在动颚后退时靠自重从破碎腔内落下。

从构造上看,复杂摆动颚式破碎机与简单摆动颚式破碎机的区别只是少了一根动颚悬挂的心轴。动颚与连杆合为一个部件,没有垂直连杆,肘板也只有一块。可见,复杂摆动颚式破碎机构简单,但动颚的运动却较简单摆动颚式破碎机复杂,动颚在水平方向有摆动,同时在垂直方向也有运动,是一种复杂运动,故称复杂摆动颚式破碎机。复杂摆动颚式破碎机的优点是破碎产品较细,破碎比大(一般复杂摆动型可达 4~8,简单摆动型只能达 3~6)。

规格相同时,复杂摆动型比简单摆动型破碎能力高 20%～30%。

颚式破碎机具有结构简单坚固、维护方便、高度小、工作可靠等特点。在固体废物破碎处理中,其主要用于破碎强度及韧性高、腐蚀性强的废物,如煤矸石作为沸腾炉燃料、制砖和水泥原料时的破碎等。颚式破碎机既可用于粗碎,也可用于中、细碎。

2. 冲击式破碎机

冲击式破碎机大多是旋转式的,均利用冲击作用进行破碎。其工作原理是:进入破碎机的物料块被绕中心轴高速旋转的转子猛烈冲击后,受到第一次破碎,然后转子获得能量高速飞向坚硬的机壁,受到第二次破碎。在冲击过程中弹回的物料再次被转子击碎,难以破碎的物料被转子和固定板挟持而剪断,破碎产品由下部排出。

冲击式破碎机的主要类型有锤式破碎机、反击式破碎机和笼式破碎机。下面介绍目前国内外应用较多的、适用于破碎各种固体废物的锤式和反击式破碎机。

(1)锤式破碎机:锤式破碎机的工作原理如图 1-5-10 所示。它是利用锤头的高速冲击作用,对物料进行中碎和细碎的机械。固体废物自上部给料口进入机内,立即遭受高速旋转锤子的打击、冲击、剪切、研磨等作用而被破碎,锤头铰接于高速旋转的转子上,机体下部设有筛板以控制排料粒度。

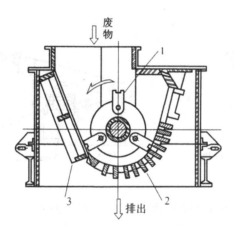

图 1-5-10　锤式破碎机的工作原理

1—锤头;2—筛板;3—破碎板

锤式破碎机具有破碎比大、排料粒度均匀、能耗低等优点。普通锤式破碎机的破碎比为 10～25,最大可达到 100,在选用时应根据物料的硬度确定,硬度大的应采用锤头少但质量大的锤式破碎机。锤式破碎机主要用于破碎中等硬度且腐蚀性弱的固体废物,还可破碎含水分及油质的有机物、纤维结构、木块、石棉、水泥废料、回收石棉纤维和金属切屑等。

(2)反击式破碎机:图 1-5-11 所示为 Universa 型反击式破碎机。图 1-5-12 所示为 Hazemag 型反击式破碎机,该机装有两块反击板,形成两个破碎腔,转子上安装两个坚硬的板锤,机体内表面装有特殊钢制衬板,用以保护机体不受损,固体废物从上部给入,在冲击和剪切作用下被破碎。

反击式破碎机是一种新型高效破碎设备,它具有破碎比大、适应性广(可破碎中硬、软、脆、韧性、纤维性物质)、构造简单、外形尺寸小、安全方便、易于维护等优点,在我国水泥、火电、玻璃、化工、建材、冶金等工业部门广泛应用。

3. 剪切式破碎机

剪切式破碎机是通过固定刀和可动刀(往复式刀或旋转式刀)之间的啮合作用,将固体废物切开或割裂成适宜的形状和尺寸。目前被广泛使用的剪切破碎机主要有旋转剪切式破碎机(图 1-5-13)、Von Roll 型往复剪切式破碎机(图 1-5-14)等。

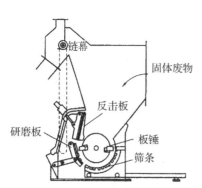

图 1-5-11　Universa 型反击式破碎机

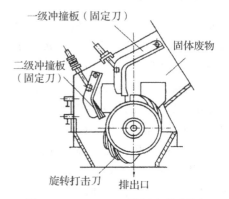

图 1-5-12　Hazemag 型反击式破碎机

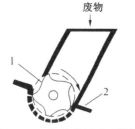

图 1-5-13　旋转剪切式破碎机

1—可动刀；2—固定刀

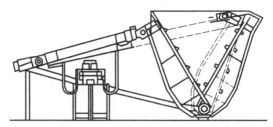

图 1-5-14　Von Roll 型往复剪切式破碎机

固定刀和可动刀通过下端活动铰轴连接,像一把无柄剪刀,开口时侧面呈 V 形破碎腔。固定废物投入后,通过液压装置缓缓将可动刀推向固定刀,将固体废物剪成破片(块)。往复剪切式破碎机一般具有 7 片固定刀和 5 片可动刀,刃的宽度为 30 mm,由特殊钢制成,磨损后可以更换。

剪切式破碎机属于低速破碎机,转速一般为 20～60 r/min,比较适合于垃圾焚烧厂废物的破碎。

4. 球磨机

图 1-5-15 所示为球磨机的结构示意图。该设备主要由圆柱形筒体、端盖、中空轴颈、轴承和传动大齿圈组成。筒体内装有直径为 25～150 mm 的钢球,两端装有中空轴颈。中空轴颈有两个作用:一是起轴承的支承作用,使球磨机的全部重量经中空轴颈传给轴承和机座;二是起给料和排料的漏斗作用,电动机通过联轴器和小齿轮带动大齿圈及筒体慢慢转动。当筒体转动时,在摩擦力、离心力和衬板的共同作用下,产生自由下落和抛落,从而对筒体内底脚区内的物料产生冲击和研磨作用,使物料粉碎。物料达到磨碎细度后由风机抽出。

磨碎在固体废物处理与利用中占有重要地位。例如,在煤矸石生产水泥、回收有色金

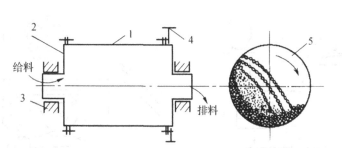

图 1-5-15　球磨机的结构

1—筒体；2—端盖；3—轴承；4—小齿轮；5—传动大齿圈

属、回收化工原料、钢渣生产水泥等过程都离不开球磨机对固体废物的磨碎。

5. 特殊破碎设备和流程

对于一些常温下难以破碎的固体废物，如废旧轮胎、塑料、含纸垃圾等，常需采用特殊的破碎设备和方法，如低温破碎、湿式破碎等。

(1)低温(冷冻)破碎：对于常温下难以破碎的固体废物，可利用其低温变脆的性能进行有效的破碎，也可利用不同物质脆化温度不同的差异进行选择性破碎，这就是所谓的低温破碎技术，如利用低温(冷冻)破碎法粉碎废塑料及其制品、废橡胶及其制品、包覆电线等。

典型低温破碎的工艺流程如图 1-5-16 所示，将需处理的固体废物先投入预冷装置，再进入浸没冷却装置，橡胶、塑料等易冷脆物质迅速脆化，送入高速冲击破碎机破碎，使易脆物质脱落粉碎，破碎产物再进入不同的分选设备进行分选。

低温破碎通常采用液氮作为制冷剂。液氮具有制冷温度低、无毒、无爆炸危险等优点，但制取液氮需要消耗大量能源，故低温破碎对象仅限于常温难以破碎的废物，如橡胶、塑料等。

(2)湿式破碎：利用特制的破碎机将投入机内的垃圾和大量的水一起剧烈搅拌，破碎成浆液的过程。

图 1-5-17 所示为湿式破碎机。垃圾通过传送带进入湿式破碎机，破碎机于圆形槽底上安装多孔筛，筛上有 6 个刀片的旋转破碎辊，使投入的垃圾和水一起激烈回旋。废纸则破碎成浆状，通过筛孔落入筛下，然后由底部排出，难以破碎的筛上物(如金属等)则从破碎机侧口排出，再用斗式提升机送至装有磁选器的皮带运输机，以便将铁与非铁物质分离开来。

湿式破碎的优点是使含纸垃圾变成均质浆状物，按流体处理，同时，噪声低，不滋生蚊蝇，无恶臭，卫生条件好；缺点是有发热、爆炸、粉尘等危害。湿式破碎适用于回收垃圾中的纸类、玻璃、金属材料等。垃圾的湿式破碎技术只有在垃圾的纸类含量高或垃圾经过分离分选而回收的纸类，才适合选用。

(3)半湿式选择性破碎分选：利用城市生活垃圾中物质的强度和脆性的差异，在一定的湿度下破碎成不同粒度的碎块，然后通过大小筛网加以分离回收的过程。该过程通过兼有选择性破碎和筛分两种功能的装置实现，因此称为半湿式选择性破碎分选机，其构造如图 1-5-18 所示。

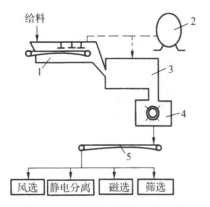

图 1-5-16　低温破碎的工艺流程

1—预冷装置;2—液氮贮槽;3—浸没冷却装置;

4—高速冲击破碎机;5—皮带运输机

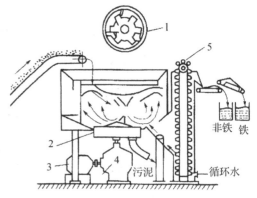

图 1-5-17　湿式破碎机

1—转子;2 筛网;3—电动机;

4—减速机;5—斗式脱水提升机

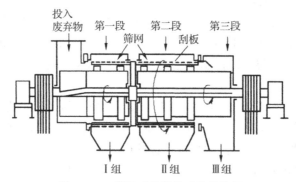

图 1-5-18　半湿式选择性破碎分选机

该装置由两端具有不同尺寸筛孔的外旋转筒筛和筛内与之反方向旋转的破碎板组成,垃圾进入后,沿筛壁在重力作用下抛落,同时被反向旋转的破碎板撞击,脆性物质首先破碎,通过第一段筛网分离排出,可分别去除玻璃、塑料等,可得到以厨房垃圾为主的堆肥沼气发酵原料;剩余垃圾进入第二段,中等强度的纸类在水喷射下被破碎板破碎,又由第二段筛网排出,可回收含量为 $85\%\sim95\%$ 的纸类;最后剩余的垃圾(主要是金属、橡胶、木材等)由不设筛网的第三段排出,难以分选的塑料类废物可在第三段经分选达到 95% 的纯度,废铁可达 98% 。

5.4　固体废物的分选技术

5.4.1　分选的目的、方法

固体废物的分选就是将固体废物中各种有用资源或不利于后续工艺处理要求的废物组分,采用人工或机械的方法分门别类地分离出来的过程。分选技术根据固体废物的物理性质和化学性质的差异,将有用成分分选出来加以利用,将有害成分分离出来,以便于固体废物的处理、处置和资源化利用。固体废物分选的目的是将废物中可回收利用或不利于后续处理、处置工艺要求的物料分离出来。

分选分为手工拣选和机械分选。手工拣选是最早采用的方法,适于废物产源地、收集站、处理中心、转运中心、转运站或处置场。机械分选是以颗粒物物理性质(粒度、密度差等)的差别为主,以磁性、电性、光学等性质的差别为辅进行的分选。依据废物的物理和化学性质的不同,可选择不同的分选方法,主要有筛选(分)、重力分选、磁力分选、电力分选、光电分选、摩擦及弹性分选、浮选等。目前在工业发达国家中,还实验性或小规模地采用了浮选、光选、静电分离等分选方法。机械分选大多在分选前要进行预处理,如分选前先进行破碎处理。

5.4.2　筛　分

1. 筛分原理

筛分,即利用筛子将混合物料中小于筛孔的细颗粒透过筛面,大于筛孔的粗大颗粒留在筛面上,完成粗细物料分离的过程。

筛分的过程可看成两个阶段,即物料分层与细粒透筛。物料分层是完成分离的条件,细粒透筛是分离的目的。筛分时,必须使物料和筛面之间具有适当的相对运动,这样既可以使筛面上的物料处于松散状态,即按颗粒大小分层,粗粒位于上层,细粒位于下层,细粒透过筛孔,又可以使堵在筛孔上的颗粒脱离筛孔,以利于细粒透过筛孔。

透过筛孔的细粒,尽管粒度都小于筛孔,但透筛的难易程度不同。"易筛粒"指小于筛孔 3/4 的颗粒,很容易达到筛面而透筛。"难筛粒"指大于筛孔 3/4 的颗粒,很难通过间隙达到筛面而透筛。

2. 筛分效率

筛分效率是评价筛分设备分离效率的指标。理论上,小于筛孔尺寸的细粒都应该透过筛孔,成为筛下产品。实际上,受多因素的影响,一些小于筛孔的细粒留在筛上随粗粒一起排出成为筛上产品。筛分效率是指实际得到的筛下物 Q_1 与入筛物中所含的粒径小于筛孔尺寸的细粒物 Q 的比值百分数。筛分效率表示方法为

$$E = \frac{Q_1}{Q} \times 100\%$$

式中　Q_1——入筛固体废弃物重量;

　　　Q——入筛固体废弃物中粒径小于筛孔颗粒的重量。

筛分效率主要受筛分物料性质、筛分设备特性、筛分操作条件的影响,通常筛分效率低于 85%～95%。影响 E 的因素主要有:

(1)颗粒的尺寸与形状。直径越小而且为球形或多边形,E 越高;球形＞多面体＞片状＞针状。粒度组成中"易筛粒"含量越大,筛分效率越高;"难筛粒"含量越大,筛分效率越低。

(2)含水率。含水率小于 5%,含水量对 E 影响不大;含水率为 5%～8%,细小颗粒黏附成团,黏附于粗粒上,不易筛分,E 低;含水率为 10%～14%,含泥量大时,含水量提高使细粒活动性提高,E 越高。

(3)筛分设备的性能。

1)筛分设备的有限面积:有效面积越大,筛分效率越高。

2)筛面不同,E 不同:钢丝编织网筛面＞钢板冲孔筛面＞棒条筛面。

3)运动方式不同,E 不同:固定筛＜转筒筛＜摇动筛＜振动筛,不同筛分设备的筛分效

率见表 1-5-2。

4）筛的形状：一般长宽比为 2.5～3.0，筛面倾角为 15°～25°，保证筛分时间。

表 1-5-2 不同筛分设备的筛分效率

筛分设备类型	固定筛	转筒筛	摇动筛	振动筛
筛分效率/％	50～60	60	70～80	＞90

5）操作方式：取决于供料负荷波动情况、沿筛面宽度方向上给料均匀情况，当负荷小、沿运动方向均匀给料时，E 高。

3. 筛分设备及应用

（1）固定筛：筛面由许多平行排列的筛条组成，可以平行或倾斜安装。其由于构造简单，不耗用动力，设备费用低，维修方便，故在固体废物处理中广泛应用。但固定筛易堵塞需经常清扫，筛分效率仅为 60％～70％，用于粗、中破碎机前，且筛孔尺寸一般不小于 50 mm，倾角一般为 30°～50°，只适用于粗筛，以保证物料块度适宜，如建筑工地筛沙。

（2）棒条筛：主要用于粗碎和中碎之前，安装倾角应大于废物对筛面的摩擦角，一般为 30°～50°，以保证废物沿筛面下滑。棒条筛筛孔尺寸为要求的筛下粒度的 1.1～1.2 倍，一般筛孔尺寸不小于 50 mm，因此适用于筛分粒度大于 50 mm 的粗粒废物。

棒条筛构造简单，无运动部件（不耗用动力），设备制造费用低，维修方便，因此，在固体废物资源化过程中被广泛应用。其主要缺点是易于堵塞。

（3）转筒筛：亦叫滚筒筛，具有带孔的圆柱形筛面或圆锥体筛面。滚筒筛在传动装置带动下，筛筒缓缓旋转（转速 10～15 r/min）。为使废物在筒内沿轴线方向前进，筛筒的轴线应倾斜 3°～5°安装。转筒筛多用于垃圾分选（尤其是堆肥产物的分选等），如图 1-5-19 所示。城市生活垃圾由筛筒一端给入，被旋转的筒体带起，当达到一定高度后受重力作用自行落下，使小于筛孔尺寸的细粒透筛，而筛上产品则逐渐移到筛的另一端排出。滚筒筛具有不易堵塞的优点，所以常用于城市生活垃圾的粗筛。

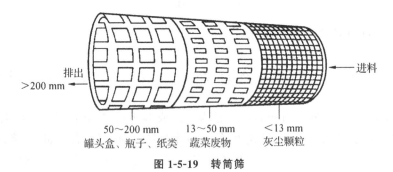

图 1-5-19 转筒筛

（4）惯性振动筛：通过不平衡物体（如配重轮）旋转所产生的离心惯性力使筛箱振动的筛面。其构造及工作原理如图 1-5-20 所示。当电机带动皮带轮旋转时，配重轮上的重块产生离心惯性力，水平分力，使弹簧横向变形，所以水平分力被横向刚度所吸收。垂直分力，垂直筛面，通过筛箱作用于弹簧，使弹簧拉伸及压缩。

惯性振动筛有如下特点：①振动方向与筛面垂直（或近似），振动次数 600～

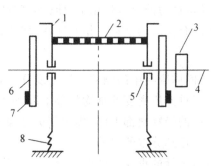

图 1-5-20　惯性振动筛工作原理

1—筛箱；2—筛网；3—皮带轮；4—主轴；5—轴承；6—配重轮；7—重块；8—弹簧

3 600 r/min,振幅 0.5～1.5 mm。②物料在筛面上发生离析现象,密度大而粒度小的颗粒进入下层到达筛面,有利于筛分的进行,倾角一般为 8°～40°。③强烈振动,消除了堵塞筛孔现象,可用于粗、中、细粒(0.1～0.15 mm)废物的筛分,还可用于脱水和脱泥筛分。惯性振动筛在筑路、建筑、化工、冶金、谷物加工等行业得到广泛的应用。

(5)共振筛:利用连杆上装有弹簧的曲柄连杆机构驱动,使筛子在共振状态下进行筛分。其构造如图 1-5-21 所示。电机带动下机体上的偏心轴转动时,轴上的偏心使连杆运动。连杆通过其一端的弹簧将作用力传给筛箱,与此同时下机体也受到相反的作用力,使筛箱和下机体沿着倾斜方向振动。筛箱、弹簧、下机体组成一个弹性系统,该系统固有的自振频率与传动装置的强迫振动频率相同时,使筛子在共振状态下筛分。

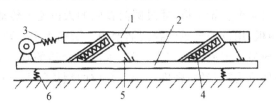

图 1-5-21　共振筛的原理

1—上筛箱；2—下机体；3—传动装置；4—共振弹簧；5—板弹簧；6—支承弹簧

共振筛具有处理能力大、筛分效率高、耗电少、结构紧凑等优点,适用于废物中的细粒的筛分,还可用于废物分选作业的脱水、脱重介质和脱泥筛分等;缺点是制造工艺复杂,机体重大,橡胶弹簧易老化。

5.4.3　重力分选设备及应用

重力分选是根据固体废物在重介质中的密度差进行分选的方法。它利用不同物质颗粒的密度差异,在运动介质中受到重力、介质动力和机械力的作用,使颗粒群产生松散分层和迁徙分离,从而得到不同密度的产品。

按介质不同,固体废物的重力分选可分为重介质分选、跳汰分选、风力分选等。各种重力分选过程具有的共同工艺条件是:

(1)固体废物中颗粒间必须存在密度的差异。

(2)分选过程都是在运动介质中进行的。

(3)在重力、介质动力及机械力的综合作用下,使颗粒群松散并按密度分层。

(4)分好层的物料在运动介质流的推动下相互迁移,彼此分离。

1. 重介质分选

(1)原理:在重介质中使固体废物中的颗粒群按密度分开的方法称为重介质分选。在运动的介质中,凡颗粒密度大于重介质密度的重物料都下沉,集中于分选设备的底部成为重产物;颗粒密度小于重介质密度的轻物料都上浮,集中于分选设备的上部成为轻产物,它们由不同的出料口分别排出,从而达到分选的目的。

为使分选过程有效进行,选择的重介质密度需介于固体废物中的轻物料密度和重物料密度之间。

(2)重介质:重介质是由高密度的固体微粒和水组成的固液两相分散体系,它是密度高于水的非均匀介质。高密度固体微粒起着加大介质密度的作用,故把这些固体微粒称为加重质。

常用于重介质分选的加重质有硅铁、磁铁矿等。可溶性高密度盐溶液如氯化锌溶液,重晶石、硅铁等的重悬浮液均可作为重介质。例如,硅铁含硅量为 $13\% \sim 18\%$,其密度为 $6.8~\mathrm{g/cm^3}$,可配制成密度为 $3.2 \sim 3.5~\mathrm{g/cm^3}$ 的重介质。硅铁具有耐氧化、硬度大、带强磁化性等特点,使用后经筛分和磁选可以回收再生。纯磁铁矿密度为 $5.0~\mathrm{g/cm^3}$,用含铁 60% 以上的铁精矿粉可配得重介质,其密度达 $2.5~\mathrm{g/cm^3}$。磁铁矿在水中不易氧化,可用弱磁选法回收再生利用。

(3)重介质分选设备:图 1-5-22 所示为鼓形重介质分选机的构造和工作原理图。该设备外形是一圆筒转鼓,由 4 个辊轮支撑,通过圆筒腰间的大齿轮由传动装置带动旋转。在圆筒的内壁沿纵向设有扬板,用以提升重产物到溜槽内。圆筒水平安装,固体废物和重介质一起由圆筒一端给入,在向另一端流动过程中,密度大的重介质的颗粒沉于槽底,由扬板提升落入溜槽内,被排出槽外成为重产物;密度小于重介质的颗粒随重介质流入圆筒溢流口排出成为轻产物。

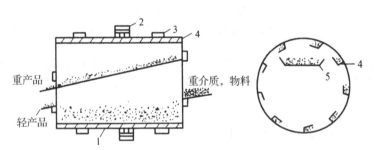

图 1-5-22 鼓形重介质分选机的构造和工作原理
1—圆筒形转鼓;2—大齿轮;3—辊轮;4—扬板;5—溜槽

它适用于分离粒度较粗(40~60 mm)的固体废物,具有结构简单、紧凑,便于操作,动力消耗低等优点;缺点是轻重产物量调节不方便。

2. 跳汰分选

(1)原理:跳汰分选是在垂直变速介质流中按密度分选固体废物的方法。它使磨细混合废物中的不同粒子群,在垂直运动介质中按密度分层,小密度的颗粒群(轻产物)位于上层,大密度的颗粒群(重质组分)位于下层,从而实现物料的分离。介质可以是水或空气,用水作为介质时,称为水力跳汰;用空气作为介质时,称为风力跳汰。目前,用于固体废物分选的是水力跳汰。水在跳汰过程中的运动由外力作用来实现。图 1-5-23 所示为颗粒在跳汰时的分层过程。

(a)分层前颗　　(b)上升水流　　(c)颗粒在水　　(d)下降水流,床层
料混杂堆积　　将床层抬起　　中沉降分层　　紧密,重颗料进入底层

图 1-5-23　颗粒在跳汰时的分层过程

(2)分选设备:跳汰机机体的主要部分是固定水箱,它被隔板分为两室,右为活塞室,左为跳汰室。活塞室中的活塞由偏心轮带动做上下往复运动,使筛网附近的水产生上下交变水流。当活塞向下时,跳汰室内的物料受上升水流作用,由下往上升,在介质中呈松散的悬浮状态;随着上升水流的逐渐减弱,粗重颗粒就开始下层,而轻质颗粒还可能继续上升,此时物料达到最大松散状态,形成颗粒按密度分层的良好条件。当上升水流停止并开始下降时,固体颗粒按密度和粒度的不同做沉降运动,物料逐渐转为紧密状态。下降水流结束后,一次跳汰完成。每次跳汰,颗粒都受到一定的分选作用,达到一定程度的分层。粗重物料沉于筛底,由侧口随水流出;轻细颗粒浮于表面,经溢流分离;小而重的颗粒透过筛孔从设备的底部排出。

跳汰分选适用于锰矿、铁矿、萤石矿、重晶石矿、天青石矿、钨矿、锡矿、砂金矿等金属与非金属,也可用于尾矿回收或金属冶炼渣金属回收等领域,选矿效果比较明显。图 1-5-24 所示为隔膜跳汰机分选设备。

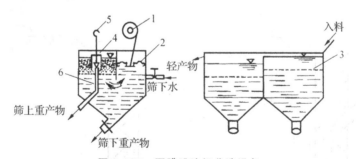

图 1-5-24　隔膜跳汰机分选设备

1—偏心机构;2—隔膜;3—筛板;4—外套筒;5—锥形阀;6—内套筒

3. 风力分选

(1)原理:风力分选简称风选,又称气流分选,是以空气为分选介质,在气流作用下使固体废物颗粒按密度和粒度大小进行分选的一种方法。其基本原理是气流能将较轻的物料向上带走或水平带向较远的地方,而重物料则由于上升气流不能支持它们而沉降,或由于惯性

在水平方向抛出较近的距离。风选主要用于城市生活垃圾的分选,将城市生活垃圾中的有机物与无机物分离,以便分别回收利用或处置。

（2）分选设备及应用：

1）水平气流风选机。水平气流风选机的基本结构和气流的流向如图1-5-25所示。破碎后的垃圾随空气一起落入气流工作室内,水平方向吹入的气流使重质组分（如金属物）和轻质组分（如废纸、塑料等）分别落入不同的落料口,从而实现物料的分离。

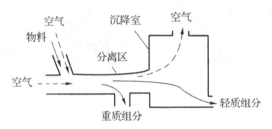

图1-5-25　水平气流风选机工作原理

当分选城市生活垃圾时,水平气流速度为5 m/s,在回收的轻质组分中的废纸约占90%,重质组分中黑色金属占100%,中组分主要是木块、硬塑料等。有经验表明,水平气流分选机的最佳速度为20 m/s。

该风力分选机构造简单,工作室内没有活动部件,维修方便,但分选精度不高,一般很少单独使用,常与破碎、筛分、立式风力分选机联合使用。

2）立式曲折风力分选机。立式曲折风力分选机的构造和工作原理如图1-5-26所示。经破碎后的城市生活垃圾从中部送入风力分选机,物料在上升气流作用下,垃圾中各组分按密度进行分离,重质组分从底部排出,轻质组分从顶部排出,经旋风分离器进行气固分离。图1-5-26（a）所示为从底部通入上升气流的曲折风力分选机,图1-5-26（b）所示为从顶部抽吸的曲折风力分选机。

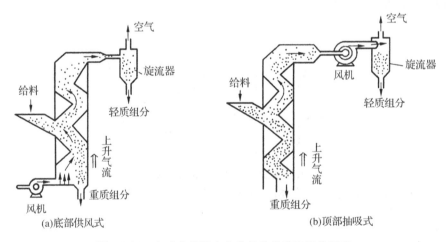

图1-5-26　立式曲折风力分选机的构造和工作原理

与水平气流风选机比较,立式曲折风力分选机分选精度较高。由于沿曲折管路管壁下落的废物可受到来自下方的高速上升气流的顶吹,可以避免因管路中管壁附近与管中心流速不同而降低分选精度的缺点,同时可以使结块垃圾因受到曲折处高速气流冲击而被吹散,因此能够提高分选精度。曲折风路形状为 Z 字形,其倾斜度一般为 60°,每段长度为 280 mm。

3)倾斜式风力分选机。倾斜式风力分选机的特点是气流工作室是倾斜的,它也有两种典型的结构形式(图 1-5-27)。两种装置的工作室都是倾斜的,但气流工作室的结构形式不同。为了使工作室内的物料保持松散状,便于其中的重质组分较易排出,在图 1-5-27(a)的结构中,工作室的底板有较大的倾角,且处于振动状态,它兼有振动筛和气流分选的作用。而在图 1-5-27(b)的结构中,工作室为一倾斜的转鼓滚筒,它兼有滚筒筛和气流分选的作用。当滚筒旋转时,较轻的颗粒悬浮物随着气流被带往集料斗,较重和较小的颗粒则透过圆筒壁上的筛孔落入,较重的大颗粒则在滚筒的下端排出。

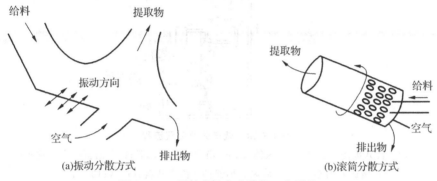

图 1-5-27　倾斜式风力分选机工作原理

4)风力分选的应用:垃圾风选在城市固体废物分选中占重要地位。图 1-5-28 所示为城市生活垃圾的分选多次采用了风选方法。垃圾由料仓输送到锤式破碎机初步破碎,而后把一部分均质垃圾输送到第一个滚筒筛过筛,筛上物(主要包括纸类和塑料)通过横向风力分选器分离后进入循环系统,剩下的粗料排出。筛下物输入曲折风力分选机将轻组分和重组分分开,重组分通过磁选分离器分选出铁类物质,轻组分(塑料、纸和有机物)输入旋风分离器除去细小颗粒,进入锤式破碎机进行二次破碎,破碎物质采用配有两种筛目先小后大的第二个滚筒筛将纸类和有机物成分分开,有机成分用于堆肥。由纸类和塑料组成的筛上溢流物输入静电塑料分选器,选出塑料并送去压缩。从滚筒筛和塑料分选器分出的纸类成分输入干燥器,这些材料在热气流中干燥,塑料成分发生收缩,与轻质的纸成分相比发生形状变化。随后将干燥器分出的材料在第二台曲折风力分选机中分离出轻组分和重组分,重组分包括挤压的塑料成分,轻组分通过旋风分离器输入第三个滚筒筛,筛目直径约 4 mm。纸类从粗成分中分离出来,并通过第三次筛分以改善其质量,细成分可做堆肥。

在这种分选流程中,水平式风选器内风速控制在 20 m/s,立式风选器内曲折壁呈 60°,每段折壁长度 280 mm;垃圾先经自然干燥到含水率 9.1%,再进行分选,所得轻组分中有机物纯度和回收率都比较高,重组分中主要为无机成分;也可以直接将含水 42% 的生活垃圾进行风选,此时所得轻组分中有机物纯度可达 99%,重组分中无机物成分比前一种情况要低。分选过程所需动力不大,但鼓风机噪声较大,需进行噪声防治。

4. 摇床分选

(1)原理:摇床分选是在一个倾斜的床面上,借助床面的不对称往复运动和薄层斜面的

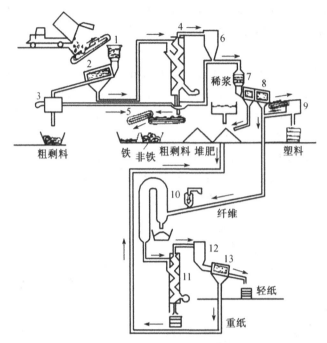

图 1-5-28　城市分选装置流程

1,7—锤式破碎机;2,8,13—滚筒筛;3—横向风力分选器;11—曲折风力分选机;
5—磁选分离器;6,12—旋风分离器;9—静电塑料分选器;10—干燥器

水流的综合作用,使细颗粒固体废物按照密度差异在床面上呈扇形分布而进行的分选。摇床分选过程是:由给水槽给入冲洗水,布满横向倾斜的床面,并形成均匀的斜面薄层水流。当固体废物颗粒送入往复摇动的床面时,颗粒群在重力、水流冲力、床层摇动产生的惯性力以及摩擦力等综合作用下,按密度差异产生松散分层。不同密度(或粒度)的颗粒以不同的速度在床层上呈扇形分布(图 1-5-29),从而达到分选的目的。

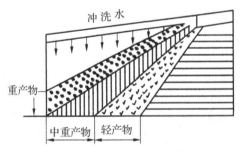

图 1-5-29　摇床上颗粒的分带情况

　　该分选法按密度不同分选颗粒,但粒度和形状亦影响分选的精确性。为了提高分选的精确性,选择之前需将物料分级,各个粒级单独选择。

　　(2)摇床分选设备:在摇床分选设备中最常用的是平面摇床。平面摇床主要由床面、床头和传动机构组成(图 1-5-30),整个床面由机器支撑。摇床床面近似呈梯形,横向有 1.5°~5.0°的倾斜。在倾斜床面的上方设置给料槽和给水槽,床面上铺有耐磨层(橡胶等)。沿纵向布置有床条,床条高度从传动端向对侧逐渐减低,并沿一条斜线逐渐趋向于零。床面由传动装置带动做往复不对称运动。

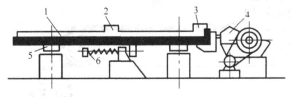

图 1-5-30 摇床结构

1—床面;2—给水槽;3—给料槽;4—床头;5—滑动支承;6—弹簧

摇床分选是分选精度很高的单元操作。目前主要用于从含硫铁矿较多的煤矸石中回收硫铁矿。

5.4.4 磁力分选设备及应用

1. 磁选原理

磁力分选简称磁选,它是利用固体废物中各种物质的磁性差异在不均匀磁场中进行分选的方法。物质的磁性分为强磁性、中磁性、弱磁性和非磁性。磁选过程(图 1-5-31)是将固体废物输入磁选机后,磁性颗粒在不均匀磁场作用下被磁化,从而受磁场吸引力的作用,使磁性颗粒吸附在圆筒上,并随圆筒进入排料端排出;非磁性颗粒由于所受的磁场作用很小,仍留在废物中而被排出。

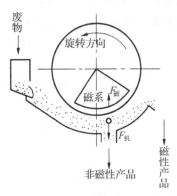

图 1-5-31 颗粒在磁选机中分离

2. 磁选设备

(1)辊筒磁式磁选机:由磁力辊筒和输送带组成,它的工作方式如图 1-5-32 所示。磁力辊筒也是皮带输送机的驱动辊筒,如图 1-5-33 所示。当皮带上的混合垃圾通过磁力辊筒时,非磁选物质在重力及惯性力的作用下,被抛落到辊筒的前方,而铁磁性物质则在磁力的作用下被吸附到皮带上,并随皮带一起继续向前运动。当铁磁性物质传到辊筒下方逐渐远离磁力辊筒时,磁力就会逐渐减小,这时,铁磁性物质就会在重力和惯性力的作用下脱离皮带,并落入预定的收集区。

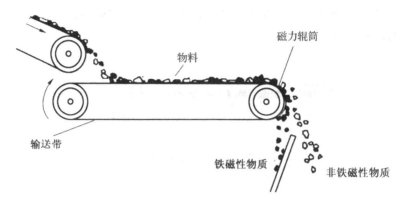

图 1-5-32　辊筒式磁选机工作示意

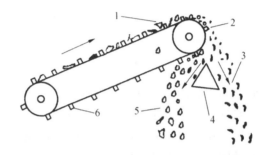

图 1-5-33　永磁磁力辊筒结构

1—固体废物；2—磁辊筒；3—非磁性物质；4—分离块；5—磁性物质；6—隔离板

（2）带式磁选机：物料放置在输送带上，输送带缓慢向前运动，在输送带的上方，悬挂一大型固定磁铁，并配有一传送带。在传送不停地转动过程中，由于磁力作用，输送带上的铁磁性物质就会被吸附到位于磁铁下部磁性区段的传送带上，并随传送带一起向一端移动。当传送带离开磁性区时，铁磁性物质就会在重力的作用下脱落下来，从而实现铁磁性物质的分离。需注意的是，磁选机下通过的物料输送皮带的速度不能太高，一般不应超过 1.2 m/s，且被分选的物料的高度通常应小于 500 mm（图 1-5-34）。

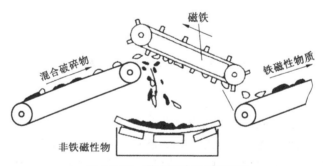

图 1-5-34　带式磁选机工作原理

3. 磁流体分选

除了上述常规的磁选外，还有特种磁选，即磁流体分选。所谓磁流体是指某种能够在磁场或磁场和电场联合作用下磁化，呈现"似加重"现象，对颗粒产生磁浮力作用的稳定分散液。"似加重"后的磁流体仍然具有流体原来的物理性质,如密度、流动性、黏滞性。磁流体通常采用强电解质溶液、顺磁性溶液和铁磁性胶体悬浮液。

磁流体分选是利用磁流体作为分选介质,在磁场或磁场和电场的联合作用下产生"似加重"作用,按固体废物各组分的磁性、导电性和密度的差异,使不同组分分离。当固体废物中各组分的磁性差异小而密度和导电性差异较大时,采用磁流体可以有效地进行分离。

磁流体分选是一种重力分选和磁力分选联合作用的分选过程,不仅可以将磁性和非磁性物质分离,而且也可以将非磁性物质之间按密度差异性分离。因此,磁流体分选法在固体废物处理与利用中占有特殊的地位。它不仅可以分离各种工业固体废物,而且还可以从城市生活垃圾中回收铝、铜、锌、铅等金属。

根据分选原理和介质的不同,磁流体分选可分为磁流体静力分选和磁流体动力分选。

(1)磁流体静力分选:在不均匀的磁场中,以铁磁性胶体悬浮液体为分选介质,根据物料之间的密度和比磁化系数的差异进行分选的方法。由于不加电场,不存在电场、磁场联合作用下产生的特殊性涡流,故称为磁流体静力分选。

(2)磁流体动力分选:在磁场(均匀或不均匀)与电场联合作用下,以强电解质溶液为分选介质,根据物料之间密度、比磁化系数及电导率的差异进行分选的方法。

通常,要求分离精度高时,采用静力分选;固体废物中的各组分间电导率差异大时,采用动力分选。

(3)分选介质:理想的分选介质应具有磁化率高、密度大、黏度低、稳定性好、无毒、无刺激性气味、无色透明、价廉易得等特性条件。分选介质主要有顺磁性盐溶液,如 $MnCl \cdot 4H_2O$,$MnSO_4$,$FeSO_4$,$NiCl_2$,$CoSO_4$ 等溶液均可作为分选介质。这些溶液体积磁化率为 $8 \times 10^{-7} \sim 8 \times 10^{-8}$,密度为 $1\,400 \sim 1\,600\ kg/m^3$,且黏度低、无毒,是较理想的分选介质。此外还有铁磁性胶粒悬浮液[一般采用磁铁矿胶粒(100 目)作为分散质,用油酸、煤油等非极性液体介质,并添加表面活性剂为分散剂调制成铁磁性胶粒悬浮液],但这种磁流体介质黏度高,稳定性差,介质回收再生困难。

(4)磁流体分选设备:图 1-5-35 所示为磁流体分选设备构造及工作原理示意。该磁流体分选槽的分离区呈倒梯形,分离密度较高的物料时,磁系用钐-钴合金磁铁,其视在密度可达 $10\,000\ kg/m^3$。两个磁体相对排列,夹角为 $30°$;分离密度较低的物料时,磁系用锶铁铁氧体磁体,其视在密度可达 $3500\ kg/m^3$,图中阴影部分相当于磁体的空气隙,物料在这个区域中被分离。

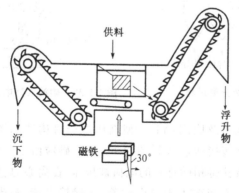

图 1-5-35　磁流体分选设备构造及工作原理示意

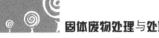

这种分选槽使用的分选介质是油基或水基磁流体。它可用于汽车的废金属碎块的回收、低温破碎物料的分离、从垃圾中回收金属碎片等。

5.4.5 电力分选及设备

1. 电选原理

电力分选简称电选,它是利用固体废物中各组分在高压电场中电性的差异实现分选的一种方法。废物颗粒在电晕静电复合电场电选设备中的分离过程如图 1-5-36 所示。给料斗把物料均匀地给入辊筒上,物料随着旋转进入电晕电场区。由于电场区空间带有电荷,导体和非导体颗粒都获得电荷,导体颗粒一面荷电,一面又把电荷传给辊筒(接地电极),其放电速度快。因此当废物颗粒随辊筒旋转离开电晕电场区而进入静电场区时,导体颗粒的剩余电荷少,而非导体颗粒则因放电较慢,致使剩余电荷多。

导体颗粒进入静电场后不再继续获得负电荷,但仍继续放电,直至放完全部电荷,并从辊筒上得到正电荷而被辊筒排斥,在电力、离心力和重力的综合作用下,其运动轨迹偏离辊筒,而在辊筒前方落下。非导体颗粒由于带有较多的剩余负电荷,将与辊筒相吸,被吸附在辊筒下,带到辊筒后方,被毛刷强制刷下。半导体的运动轨迹则介于导体与非导体颗粒之间,成为半导体产品落下,从而完成电选分离过程。

2. 电选设备及应用

(1)静电分选机:图 1-5-37 所示为辊筒式静电分选机的构造和原理示意图。将含有铝和玻璃的废物,通过电振给料器均匀地送到带电辊筒上,铝为良导体,从辊筒电极获得相同符号的大量电荷,因而被辊筒电极排斥落入铝收集槽内。玻璃为非导体,与带电辊筒接触被极化,在靠近辊筒一端产生相反的束缚电荷,被辊筒吸住,随辊筒带至后面被毛刷强制刷落进入玻璃收集槽,从而实现铝与玻璃的分离。

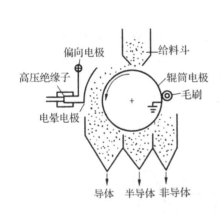

图 1-5-36 电选分离过程

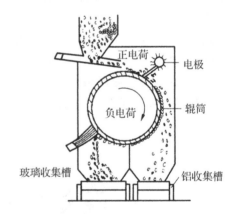

图 1-5-37 辊筒式静电分选机的构造和原理示意

(2)YD-4 型高压电选机及应用:YD-4 型高压电选机构造如图 1-5-38 所示。高压电选机将粉煤灰均匀地给到旋转接地辊筒上,带入电场后,碳粒由于导电性良好,很快失去电荷,进入静电场后从辊筒电极获得相同符号的电荷被排斥,在离心力、重力及静电斥力综合作用下落入集碳槽成为精煤。而灰粒由于导电性差,能保持电荷,与带符号相反电荷的辊筒相吸,并牢固吸附在辊筒上,最后被毛刷强制刷下落入集灰槽,从而实现碳灰分离。

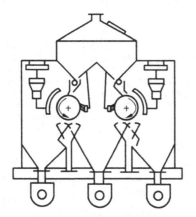

图 1-5-38　YD-4 型高压电选机构造

该机具有较宽的电晕电场区、特殊的下料装置和防积灰漏电措施,采用双筒并列式,结构合理、紧凑,处理能力大,效率高。粉煤灰经二级电选分离的脱碳灰,其含碳率小于 8%,可作为建材原料;精煤含碳率大于 50%,可作为型煤原料。

5.4.6　分选回收工艺系统

在设计分选回收工艺系统时应有系统的整体观念,从技术、经济和资源利用角度通盘考虑,对固体废物进行全面的综合处理。综合处理是指将各中小企业产生的各种废物集中到一个地点,根据废物的特征,把各种废物处理过程结合成一个系统,通过综合处理可对废物进行有效的处理,减少最终废物排放量,减轻对地区的污染,同时还能做到总处理费用低,资源利用率高。

综合处理回收工艺系统(图 1-5-39)包括固体废物的收集运输、破碎、分选等预处理技术,它为固体废物焚烧、热分解、微生物分解等转化技术和"三废"处理等后处理技术提供条件。

固体废物处理系统由若干过程组成,每个过程有每个过程的作用。综合处理固体废物时,务必从整体出发,选择合适的处理技术及处理过程。

5.4.7　浮选及设备

1. 浮选原理

浮选是在固体废物和水调制成的浆料中加入浮选药剂,并通入空气,形成无数细小气泡,使欲选颗粒(组分)黏附在气泡上,随气泡浮于浆料表面成为泡沫层,并通过刮板将其刮出泡沫层回收,不浮的颗粒留在浆料中待后续处理。

2. 浮选药剂

浮选药剂按功能和作用分为以下 3 种:

(1)捕收剂。选择性吸附在欲选物质的颗粒表面上,使其疏水性增强,提高可浮性并牢固地黏附在气泡上。常用的捕收剂有极性捕收剂(如黄药、黑药、油酸等)和非极性油类捕收剂(如煤油)两类。

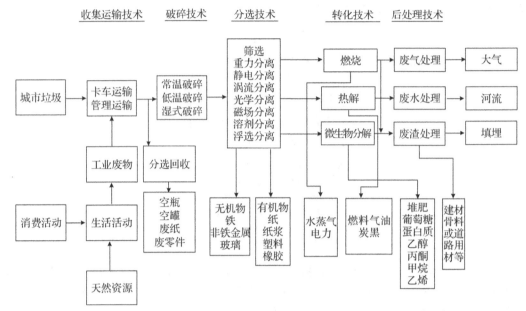

图 1-5-39　综合回收工艺系统

（2）起泡剂。一种表面活性物质，作用于气水界面上，使其界面张力降低，促使空气在浆料中弥散形成小气泡，防止气泡兼并，增大分选界面，提高气泡与颗粒的黏附和上浮过程中的稳定性。常用的起泡剂有松油、松醇油、脂肪醇等。

（3）调整剂。调整其他药剂（如捕收剂）与颗粒表面之间作用，浆料的 pH、离子组成及可溶性盐的浓度等性质，以加强捕收剂的选择吸附作用，提高浮选效率。调整剂的种类较多，按其在浮选过程中所起的作用可分为以下 4 种：

1）活化剂。其作用称为活化作用，能促进捕收剂与欲选颗粒之间的作用，从而提高欲选物质颗粒的可浮性。常用的活化剂多为无机盐，如硫化钠、硫酸铜等。

2）抑制剂。作用是削弱非选物质颗粒和捕收剂之间的作用，抑制其可浮性，增大其与欲选物质颗粒之间的可浮性差异。它的作用正好与活化剂相反。常用的抑制剂有各种无机盐和有机物。

3）介质调整剂。其主要作用是调整浆料的性质，使浆料对某些物质颗粒的浮选有利，而对另一些物质颗粒的浮选不力。常用的介质调整剂是酸和碱类。

4）分散与混凝剂。调整浆料中细泥的分散、团聚与凝聚，以减小细泥对浮选的不利影响，改善和提高浮选效果。常用的分散剂有无机盐和高分子化合物，常用的混凝剂有石灰、明矾等。

3. 浮选工艺过程

（1）浮选前浆料的调制：浆料的调制主要是指废物的破碎、磨细等。磨料细度必须做到使有用的固体废物基本上解离成单体，粗粒单体颗粒粒度必须小于浮选粒度上限，且避免泥化。进入浮选的浆料浓度必须适合浮选工艺的要求。若溶度很低，则回收利用率低，但产品质量很高。当浓度太高时，回收利用率反而下降。一般浮选密度较大、粒度较粗的废物颗粒，往往用较高浓度的浆料。

另外,在选择浆料浓度时还应考虑到浮选机的充气量、浮选药剂的消耗、处理能力、浮选时间等因素的影响。

(2)加药调整:浮选过程中选择加入药剂的种类和数量以及加药地点和方式是浮选的关键,都必须由实验确定。一般在浮选前添加药剂总量的 6%～7%,其余的则分几批添加。调整浮选过程中的药剂,包括提高药效、合理添加、混合用药、浆料中药剂溶度的调节与控制等。对水溶性小的药剂,采用配成悬浮液或乳浊液,通过乳化、皂化等来提高药效。为保证药剂的最佳溶度,应合理添加药剂,一般先添加调整剂,再添加捕收剂,最后添加起泡剂。

(3)充气浮选:将调制好的浆料引入浮选机内,由于浮选机的充气搅拌作用,形成大量的气泡,提供颗粒与气泡的碰撞接触机会,可浮性好的颗粒附在气泡上并上浮形成泡沫层,经刮出收集、过滤脱水即为浮选产品;不能黏附在气泡上的颗粒仍留在浆料内,经适当处理后废弃或另作他用。气泡越小,数量越多,分布越均匀,充气程度越好,浮选效果越好。对机械搅拌式浮选机,有适量起泡剂存在时,多数气泡直径为 0.4～0.8 mm,最小为 0.05 mm,最大为 1.5 mm,平均为 0.9 mm 左右。

固体废物中若有两种或两种以上的有用物质,其浮选方法有优先浮选和混合浮选两种。优先浮选是将固体废物中的有用物质依次一种一种地选出,成为单一物质产品。混合浮选是将固体废物中的有用物质共同选出,为混合物,然后再把混合物中的有用物质一种一种地分离。

4. 浮选设备

浮选设备类型较多,我国使用最多的是机械搅拌式浮选机,其构造如图 1-5-40 所示。由两个槽子构成一个机组,第一槽为吸入槽,第二槽为自留槽或称直流槽。在第一槽与第二槽之间设有中间室。叶轮安装在主轴的下端,通过电极带动旋转。空气由气管吸入。叶轮上方装有盖板和空气筒,筒上开有孔,用以安装进浆管和返回管。气孔的大小,可通过拉杆进行调节。

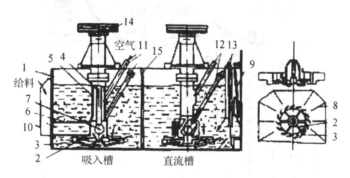

图 1-5-40　机械搅拌式浮选机

1—槽子;2—叶轮;3—盖板;4—轴;5—套管;6—进浆管;7—循环孔;8—稳流板;9—阀门;
10—受浆箱;11—进气管;12—调节循环量的闸门;13—闸门;14—皮带轮;15—槽间隔板

浮选工作时,浆料由进浆管给到盖板的中心处,叶轮旋转产生离心力将浆料甩出,在叶轮与盖板间形成一定的负压;外界的空气自动经由气管而被吸入,与浆料混合后一起被叶轮甩出。在搅拌作用下,浆料与空气充分混合,欲选废物与气泡碰撞黏附在气泡上而浮升,经刮泡机刮出成为泡沫产品,再经消泡脱水后即可回收。

浮选是资源化的一种技术,我国已应用于粉煤灰中回收碳、从煤矸石中回收硫铁矿、从焚烧炉灰渣中回收金属等方面。但浮选法要求浮选前固体废物需破碎到一定的细度;要消耗浮选药剂,造成环境污染;需要一些辅助工序,如浓缩、过滤、脱水、干燥等。

5.4.8 其他分选技术及设备

除了上面介绍的常见分选方法外,还有根据物料的电性、磁性、光学等性质差别进行物料分选的方法,如光学分选技术、涡电流分选技术等。

1. 光学分选技术

光学分选技术是一种利用物质表面反射特性的不同而分离物料的方法。图 1-5-41 所示就是此类设备的工作原理图。光学分选系统由给料系统、光检系统和分离系统 3 部分组成。给料系统包括料斗、振动溜槽等。固体废物入选前,需要预先进行筛分分级,使之成为窄粒级物料颗粒,并清除废物中的粉尘,以保证信号清晰,提高分离精度。分选时,使预处理后的物料颗粒排队成单行,一个个通过光检区,保证分离效果。光检系统包括光源、透镜、光敏元件及电子系统等,是光学分选机的心脏,因此要求其工作准确可靠,工作中要维护保养好,经常清洗,减少粉尘污染。固体废物通过光检系统后进入分离系统,分离系统检测所收到的光电信号后经过电子电路放大,与规定值进行比较处理,然后驱动执行机构,一般为高频气阀,将其中一种物质从废物流中吹动使其偏离出来,从而使废物中不同物质得以分离。

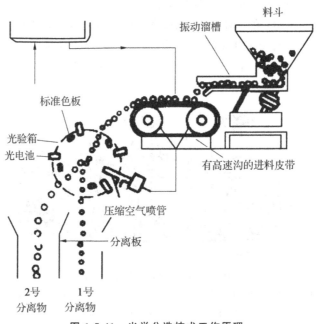

图 1-5-41 光学分选技术工作原理

2. 涡电流分选技术

涡电流分选的物理基础是基于两个重要物理现象:一个随时间而变的交变磁场总是伴生一个交变电场;载流导体产生磁场。因此,如果导电颗粒暴露在交变磁场中,或者通过固定磁场运动,那么在导体内就会产生与交变磁场方向相垂直的涡电流。由于物料流与磁场有一个相对运动的速度,从而对产生涡电流的金属物料具有一个排斥力,排斥力的方向与磁场方向及废物流的方向均呈 90°。排斥力因物料的固有电阻、磁导率等特性及磁场密度的变化速度及大小而异,利用此原理可使一些有色金属从混合物料中分离出来。当含有非磁性导体金属(如铅、铜、锌等物质)的垃圾流以一定的速度通过一个交变磁场时,这些非磁性导体金属中会产生感应涡流。由于垃圾流与磁场有一个相对运动的速度,从而对产生涡流的金属片块有一个推力,利用此原理可使一些有色金属从混合垃圾流中分离出来。

图 1-5-42 所示为按此原理设计的涡流分离器。图中 1 为直线感应器,在此感应器中由三相交流电在其绕组中产生一交变的直线移动的磁场,此磁场方向与输送机皮带 3 的运动方向垂直。当皮带 3 上的物料从感应器 1 下通过时,物料中有色金属将产生涡流电流,从而产生向带侧运动的排斥力。此分离装置由上下两个直线感应器组成,能保证产生足够大的电磁力将物料中的有色金属推入带侧的集料斗 2 中。当然,此种分选过程带速不宜过高。

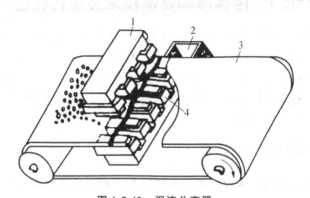

图 1-5-42　涡流分离器
1,4—直线感应器;2—集料斗;3—皮带

涡电流分选设备是一种回收有色金属的有效设备,具有分选效果优良、适应性强、机械结构可靠、结构重量轻、斥力强(可调节)、分选效率高、处理大等优点,可使一些有色金属从混合废物流中分离出来。在电子废弃物回收处理生产线中,其主要用于从混合物料中分选出铜、铝等非铁金属,也可在环境保护领域,特别是在非铁金属再生行业推广应用。

【任务实施】

实地调查校园中产生的固体废物,将混合收集的校园生活垃圾分选为实际可回收固体废物、可燃废物、可堆肥废物和填埋废物,并绘制分选工艺流程图。

【考核与评价】

考查学生能否结合固体废物预处理方法,绘制出正确的校园生活垃圾分选工艺流程图。
(1)分析工艺流程图的正确性。
(2)分析各分选方法的适用性。

【讨论与拓展】

各小组就固体废物分选工艺流程图绘制实施过程中出现的问题和获得的经验进行讨论。

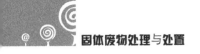

任务 6　介绍生活垃圾焚烧厂运行管理要点

【任务描述】

某校现有"固体废物处理与处置"课程实习,要到龙岩新东阳环保净化有限公司的生活垃圾焚烧发电厂参观实习,现该公司派你作为主要负责人介绍该生活垃圾焚烧发电厂运行管理要点,主要包括如何组织,如何介绍焚烧发电工艺流程、二次污染及其控制等内容。

【知识点】

6.1　固体废物焚烧技术及运行管理

焚烧是在有氧条件下将固体废物进行高温分解和深度氧化的处理过程。焚烧最大的特点在于能够最大限度地实现固体废物的减量化、无害化和资源化要求。具体来说,固体废物通过焚烧,其体积一般可以减少 90% 以上,能够彻底破坏原废物中的致病病原体和毒害性有机物质,可以回收利用焚烧过程中产生的热能,并且具有处理时间短、占地少、焚烧灰烬或残渣稳定、可全天候操作等优点。

6.1.1　焚烧的技术原理

废物能否进行焚烧处理,主要取决于其热值和可燃性。固体废物最主要的燃烧特性包括固体废物的热值和组成。

固体废物的热值是指单位质量固体废物在完全燃烧时释放出来的热量,以 kJ/kg 表示。要使固体废物能维持正常的焚烧过程,即在进行焚烧时,垃圾焚烧释放出来的热量足以加热垃圾,并使之达到燃烧所需要的温度或者具备发生燃烧所必需的活化能。热值有两种表示方式,即高位热值(粗热值)和低位热值(净热值)。若热值包含烟气中水的潜热,则该热值是高位热值;反之,若不包含烟气中水的潜热,则该热值就是低位热值。由于水蒸气的汽化潜热不能直接加以利用,故焚烧处理一般使用低位热值。生产实践表明,有害废物的燃烧一般需要热值为 18 600 kJ/kg;城市固体废物的热值大于 3 350 kJ/kg 时,燃烧过程无须添加辅助燃料,易于实现自燃,否则,焚烧过程通常需要添加辅助燃料,如掺煤或喷油助燃。通常可通过测定热值初步确定垃圾的燃烧性质。

高位热值(粗热值)与低位热值(净热值)的相互关系,可用以下公式表示和近似计算:

$$NHV = HHV - 2\,420\left[H_2O + 9\left(H - \frac{Cl}{35.5} - \frac{F}{19}\right)\right]$$

式中　NHV——净热值,kJ/kg;

　　　HHV——粗热值,kJ/kg;

　　　H_2O——产物中水的质量分数,%;

　　　H,Cl,F——废物中氢、氯、氟的质量分数,%。

一般城市生活垃圾的含水量≤50%,低位热值多为 3 350～8 374 kJ/kg。

　　一般情况下,城市固体废物的可燃性受到原料的水分、可燃分和灰分 3 个因素的影响。固体废物的三组分,即水分、可燃分和灰分,是废物焚烧炉设计的关键因素。水分含量是一个重要的燃料特性,因为物质含水率太高就无法点燃。固体废物的可燃分包括挥发分和固定碳,挥发分含量与燃烧时的火焰有密切关系,如焦炭和无烟煤含挥发分少,燃烧没有火焰;相反,烟气和烟煤挥发分含量高,燃烧时产生很大的火焰。固体废物灰分的变化很大,多含有惰性物质,如玻璃和金属。

　　可燃物质,特别是生活垃圾,其焚烧过程是一系列十分复杂的物理变化和化学反应过程,通常可将焚烧过程划分为干燥、热分解和燃烧 3 个阶段。

1. 干　燥

　　干燥是利用焚烧系统热能,使入炉固体废物水分汽化、蒸发的过程。进入焚烧炉的固体废物,通过高温烟气、火焰、高温炉料的热辐射和热传导,首先进行加热蒸发、干燥脱水,以改善固体废物的着火条件和燃烧效果。因此,干燥过程需要消耗较多的热能,固体废物含水率的高低决定了干燥阶段所需时间的长短,这在很大程度上也影响着固体废物的焚烧过程。对于高水分固体废物,特别是污泥、废水等,为了蒸发、干燥、脱水和保证焚烧过程的正常进行,常常不得不加入辅助燃料。

2. 热分解

　　热分解是固体废物中的有机可燃物质,在高温作用下进行化学分解和聚合反应的过程。热分解既有放热反应,也可能有吸热反应。通常热分解的温度越高,有机可燃物质的热分解越彻底,热分解速率就越快。

3. 燃　烧

　　燃烧是可燃物质的快速分解和高温氧化过程。根据可燃物质种类和性质的不同,燃烧过程亦不同,一般可划分为蒸发燃烧、分解燃烧和表面燃烧 3 种过程。当可燃物质受热融化、形成蒸气后进行燃烧反应,就属于蒸发燃烧;当可燃物质中的碳氢化合物等受热分解、挥发为较小分子可燃气体后再进行燃烧,就是分解燃烧;而当可燃物质在未发生明显的蒸发、分解反应时,与空气接触就直接进行燃烧反应,则称为表面燃烧。在生活垃圾焚烧过程中,垃圾中的纸、木材类固体废物的燃烧属于较典型的分解燃烧;蜡质类固体废物的燃烧可视为蒸发燃烧;而垃圾中的木炭、焦炭类物质燃烧,则属于较典型的表面燃烧。

　　经过焚烧处理,生活垃圾、危险废物和辅助燃料中的碳、氢、氧、氮、硫、氯等元素,转化成为碳氧化物、氮氧化物、硫氧化物、氯化物及水等物质组成的烟,不可燃物质、灰分成为炉渣。

6.1.2　影响焚烧过程的主要因素

　　固体废物的焚烧效果受许多因素的影响,如焚烧炉的类型、固体废物的性质、物料停留时间、焚烧温度、供氧量、物料的混合程度等,其中焚烧温度、停留时间、湍流度和过量空气系数称为"3T1E"要素,"3T"是 temperature(焚烧温度)、time(停留时间)和 turbulence(湍流度)的缩写,"E"是指 excess oxygen(过量空气系数)。它们既是影响固体废物焚烧效果的主要因素,也是反映焚烧炉性能的重要技术指标。

1. 固体废物性质

　　固体废物中可燃成分、有毒有害物质、水分等物质的种类和含量,决定了这种固体废体物的热值、可燃性和焚烧污染物治理的难易程度,也决定了这种固体废物处理技术的经济可行性。废物的热值和粒度是影响其焚烧的主要因素。热值越高,燃烧过程越易进行,焚烧效果也越好。废物粒度越小,单位质量或体积废物的比表面积越大,与周围氧气的接触面积也就越大,焚烧过程中的传热与传质效果越好,燃烧越完全。一段情况下,固体废物的加热时间与其粒度的2次方成正比,燃烧时间与其粒度的1~2次方成正比。

2. 焚烧温度

焚烧温度对焚烧处理的减量化程度和无害化程度有决定性的影响,主要表现在温度的高低和焚烧炉内温度分布的均匀程度。固体废物中的不少有毒有害物质,必须在一定温度以上才能有效地进行分解、焚毁。焚烧温度越高,越有利于固体废物中有机污染物的分解和破坏,焚烧速率也就越快。目前一般要求生活垃圾焚烧温度为850~950 ℃,医疗垃圾、危险固体废物的焚烧温度要达到1 150 ℃。而对于危险废物中的某些较难氧化分解的物质,甚至需要在更高温度和催化剂作用下进行焚烧。

3. 停留时间

停留时间主要是指固体废物在焚烧炉内的停留时间和烟气在焚烧炉内的停留时间。固体废物的停留时间取决于固体废物在焚烧过程中蒸发、热分解、氧化还原反应等反应速率的快慢。烟气的停留时间取决于烟气中颗粒状污染物和气态分子的分解、化学反应速率的快慢。当然,在其他条件不变时,固体废物和烟气的停留时间越长,焚烧反应越彻底,焚烧效果就越好。但停留时间过长会使焚烧炉处理量减少,在经济上也不合理;反之,停留时间过短会造成固体废物和其他可燃成分的不完全燃烧。进行生活垃圾焚烧处理时,通常要求垃圾停留时间能达到1.5 h以上,烟气停留时间能达到2 s以上。

4. 供氧量

焚烧过程的氧气是由空气提供的。空气不仅能够起到助燃的作用,同时也能起到冷却炉排、搅动炉气、控制焚烧炉气氛等作用。显然,供给焚烧系统的空气越多,越有利于提高炉内氧气的浓度,越有利于炉排的冷却和炉内烟气的湍流混合。为了保证废物完全燃烧,通常要供给比理论空气量更多的空气量,即实际空气量。实际空气量与理论空气量的比值为过量空气系数,亦称过量空气率或空气比。一般情况下,过量空气量应控制在理论空气量的1.7~2.5倍。但过大的过量空气系数,可能会导致炉温降低、烟气量增大,对焚烧过程产生负作用。

5. 湍流度

湍流度是表征固体废物与空气混合程度的指标,湍流度越大,固体废物和空气的混合程度越好,有机可燃物能及时充分地获取燃烧所需的氧气,燃烧反应越完全。

6. 其他因素

除固体废物性质、物料停留时间、焚烧温度、供氧量、炉气的湍流度外,诸如固体废物料层厚度、运动方式、空气预热温度、进气方式、燃烧器性能、烟气净化系统阻力等,也会影响固体废物焚烧过程的进行,也是在实际生产中必须严格控制的基本工艺参数。在炉中的废物焚烧过程中,对废物进行翻转、搅拌,可以使废物与空气充分混合,改善条件。炉中的废物厚度必须适当,厚度太大,在同等条件下可能导致不完全燃烧;厚度太小,又会减少焚烧炉的处理量。

6.1.3 焚烧工艺过程

根据不同的固体废物种类的处理要求,固体废物焚烧设备和工艺流程也各不相同,不同的焚烧设备和工艺流程有着各自不同的特点。

目前大型现代化生活垃圾焚烧技术的基本过程大体相同,如图 1-6-1 所示。现代化生活垃圾焚烧工艺流程主要由前处理系统、进料系统、焚烧炉系统、空气系统、烟气系统及其他工艺系统组成。

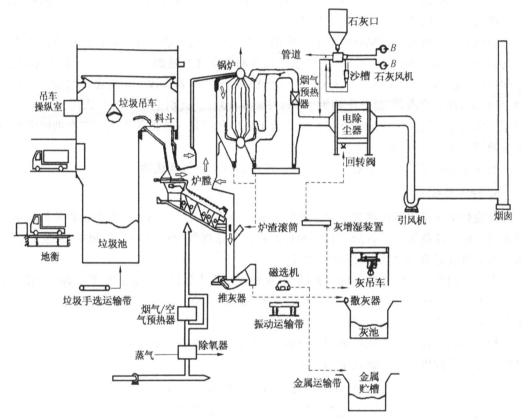

图 1-6-1 生活垃圾的焚烧工艺流程

1. 前处理系统

固体废物焚烧的前处理系统主要是指固体废物的接收、贮存、分选和破碎,具体包括固体废物的运输、计量、登记、进场、卸料、混料、破碎、手选、磁选、筛分等。前处理系统在我国非常普遍地应用于混装生活垃圾的破碎和筛分处理中,是整个工艺系统的关键步骤。

前处理系统的设备、设施和构筑物主要包括车辆、地衡、控制间、垃圾池、吊车、抓斗、破碎和筛分设备、磁选机以及臭气和渗滤液收集、处理设备等。

2. 进料系统

进料系统的主要作用是向焚烧炉定量给料,同时要将垃圾池中的垃圾与焚烧炉的高温火焰与高温烟气隔开、密闭,以防止焚烧炉火焰通过进料口向垃圾池垃圾反烧和高温烟气反窜。目前应用较广的进料方法有炉排进料、螺旋进料、推进器进料等形式。

3. 焚烧炉系统

焚烧炉系统是整个工艺系统的核心系统,是固体废物进行蒸发、干燥、热分解和燃烧的场所。焚烧炉系统的核心装置就是焚烧炉。焚烧炉有多种炉型,如固体炉排焚烧炉、水平链条炉排焚烧炉、倾斜机械炉排焚烧炉、回转式焚烧炉、流化床焚烧炉、气化热解焚烧炉、气化熔融焚烧炉、电子束焚烧炉、离子焚烧炉、催化焚烧炉等。

4. 空气系统

空气系统即助燃空气系统,除了为固体废物的正常焚烧提供必需的助燃氧气外,还有冷却炉排、混合炉料、控制烟气气流等作用。

助燃空气可分为一次助燃空气和二次助燃空气。一次助燃空气是指由炉排下送入焚烧炉的助燃空气,即火焰下空气。一次助燃空气占助燃空气总量的60%～80%,主要起助燃、冷却炉排、搅动炉料的作用。一次助燃空气分别从干燥段(着火段)、燃烧段(主燃段)和燃尽段(后燃段)送入炉内,气量分配约为15%,75%和10%。火焰上空气和二次燃烧室的空气属于二次助燃空气。二次助燃空气主要是为了助燃和控制气流的湍流度。二次助燃空气一般为助燃空气总量的20%～40%。

空气系统的主要设施是通风管道、进气系统、风机、空气预热器等。

5. 烟气系统

焚烧炉烟气是固体废物焚烧炉系统的主要污染源。焚烧炉烟气含有大量颗粒状污染物质和气态污染源物质。设置烟气系统的目的就是去除烟气中的这些污染物质,并使之达到国家相关排放标准的要求,最终排入大气。

烟气中的颗粒状污染物质即各种烟尘,主要通过重力沉降、离心分离、静电除尘、袋式过滤等技术手段去除;而烟气中的气态污染物质,如SO_x,NO_x,HCl及有机气态物质等,则主要利用呼吸、吸附、氧化还原等技术途径净化。

烟气净化处理是防治固体废物焚烧造成二次环境污染的关键。国家现行的有关标准对焚烧炉烟气排放做出了明确规定(表1-6-1)。

表1-6-1 焚烧炉大气污染物排放限值

项　目	单　位	数值含义	限　值
烟尘	mg/m³	测定均值	80*
烟气林格曼黑度	级	测定值	1**
一氧化碳	mg/m³	小时均值	150
氮氧化物	mg/m³	小时均值	400
二氧化硫	mg/m³	小时均值	260
氯化氢	mg/m³	小时均值	75
汞	mg/m³	测定均值	0.2
镉	mg/m³	测定均值	0.1
铅	mg/m³	测定均值	1.6
二噁英类	ng TEQ/m³	测定均值	1.0

注:* 均以标准状态下含11%的O_2的干烟气为参照值换算;

　　** 烟气最高黑度时间,在任何1 h内累计不得超过5 min。

6. 其他工艺系统

除以上工艺系统外,固体废物焚烧系统还包括灰渣系统、废水处理系统、余热系统、发电系统、自动化控制系统等,其中,灰渣系统的典型工艺流程如图 1-6-2 所示。

灰渣 → 收集 → 冷却 → 输送 → 渣池 → 抓吊 → 处理或外运

图 1-6-2　灰渣系统的典型工艺流程

灰渣系统的主要设备和设施有灰渣漏斗、渣池、排渣机械、滑槽、水池或喷水器、抓吊设备、输送机械、磁选机等。

6.1.4　焚烧设备及运行管理

焚烧炉系统的主体设备是焚烧炉,包括受料斗、给料器、炉体、炉排、助燃器、出渣、进风装置等设备设施。目前在垃圾焚烧中应用最广的生活垃圾焚烧炉主要有机械炉排焚烧炉、流化床焚烧炉、回转窑焚烧炉等。

1. 机械炉排焚烧炉

机械炉排焚烧炉也叫活动式炉排焚烧炉,是在城市生活垃圾处理方面应用最为广泛的一种炉型。机械炉排焚烧炉的"心脏"是焚烧炉的燃烧室及机械炉排,燃烧室的几何形状(即气流模式)和炉排的构造与性能,决定了焚烧炉的性能及固体废物焚烧处理的效果。

炉排是层状燃烧技术的关键,其主要作用是运送固体废物和炉渣通过炉体,还可以不断地搅拌固体废物,并在搅拌的同时使从炉排下方吹入的空气穿过固体燃烧层,使燃烧反应进行得更加充分。机械炉排焚烧炉的炉排通常可分为 3 个区(或 3 个段):预热干燥区(干燥段)、燃烧区(主燃段)和燃尽区(后燃段),如图 1-6-3 和图 1-6-4 所示。在入炉固体废物从进

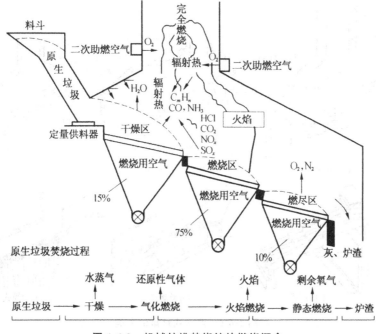

图 1-6-3　机械炉排焚烧炉的燃烧概念

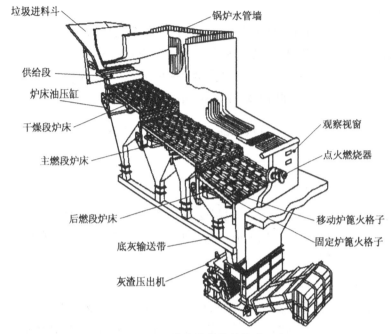

图 1-6-4　机械炉排焚烧炉构造示意

料端(干燥段)向出料端(后燃段)移动的过程中,分别进行固体废物的蒸发、干燥、热分解及燃烧反应,同时松散和翻动料层,并从炉排缝隙中漏出灰烬。

目前常用的代表性炉排有台阶式、台阶往复式、履带往复式、滚筒式等,部分炉排如图 1-6-5 所示。

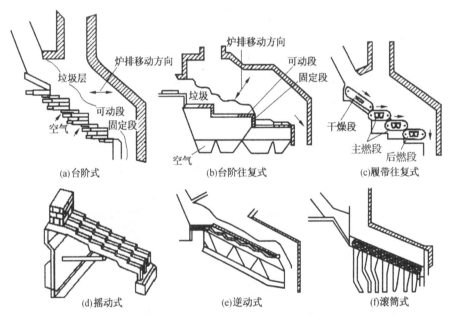

图 1-6-5　活动式炉排的种类

2. 流化床焚烧炉

流化床焚烧炉是在炉内铺设一定厚度、一定粒度范围的石英砂或炉渣,通过底部分配板鼓入一定压力的空气,将砂粒吹起、翻腾、浮动。其燃烧原理是借助于砂介质的均匀传热与蓄热效果达到完全燃烧的目的。图 1-6-6 所示为流化床焚烧炉的燃烧原理。

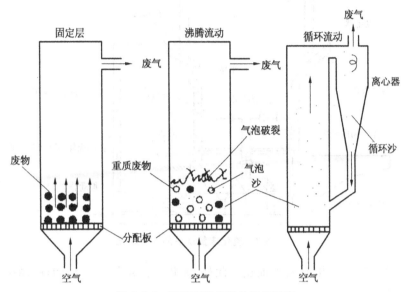

图 1-6-6　流化床焚烧炉的燃烧原理

流化床焚烧炉的主体设备是一个圆形塔体,下部设有分配气体的分配板,塔内衬有耐火材料,并装有耐热颗粒状载体。气体分配板有的由多孔板做成,有的平板上穿有一定形状和数量的专用喷嘴。气体从下部通入,并以一定速度通过分配板,使床内载体“沸腾”呈流化状态。废物从塔侧或塔顶加入,在流化床层内经历干燥、粉碎、气化等过程后,迅速燃烧。燃烧气从塔顶排出,尾气中夹带的载体粒子和灰渣一般用除尘器捕获后,载体可返回流化床内。流化床内气、固混合强烈,传热速率高,单位面积处理能力大,具有极好的着火条件。流化床焚烧炉采用石英砂作为热载体,蓄热量大,燃烧稳定性较好,燃烧反应温度均匀,很少局部过热。因此,用它处理生活垃圾、有机污泥、有毒有害废液等,有害物质分解率高。

图 1-6-7 所示为流化床焚烧炉的结构示意图。

固体废物经简单的预处理,粉碎到粒径为 20 cm 以下,再由供料器送入流化床焚烧室,调节散气板进入燃烧室的风量,使废物处于流化状态燃烧。废物和炉内的高温流动沙(650~800 ℃)接触混合,瞬间气化并燃烧。未燃尽成分和轻质废物一起飞到上部分燃烧室继续燃烧。一般认为上部燃烧室的燃烧占 40% 左右,但容积却为流化层的 4~5 倍,同时上部的温度也比下部流化层高 100~200 ℃,通常称其为二次燃烧室。不可燃物沉到炉底和流动砂一起被排出去,然后将流动砂和不可燃物分离,流动砂回炉循环使用。流动砂可保持大量的热量,有利于再启动炉。图 1-6-8 所示为流化床焚烧炉的流程。

流化床焚烧炉运行的条件为:城市固体废物必须破碎或切碎至粒径 <150 mm;铁质物料和大的惰性颗粒应该筛出;焚烧炉的运行性能通过添加燃料进行控制。流化床燃烧温度为 800~900 ℃,过量空气系数小,氮氧化物生成量少,有害气体生成易于在炉内得到控制,

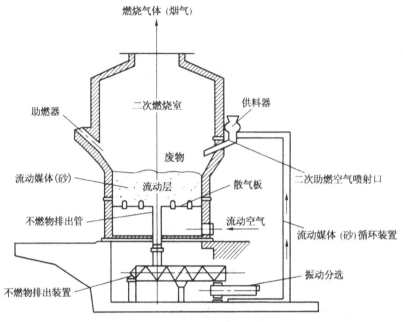

图 1-6-7　流化床焚烧炉的结构示意

是新一代"清洁"焚烧炉,极具发展前途。此外,流化床焚烧炉无运动构件,结构简单,故障少,投资及维修费用低。

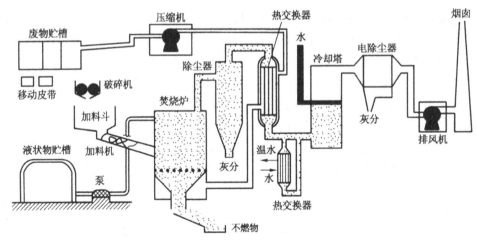

图 1-6-8　流化床焚烧炉的流程

3. 回转窑焚烧炉

如图 1-6-9 所示,回转窑焚烧炉是可旋转的倾斜钢制圆筒,筒内加装耐火衬里或由冷却水管和有孔钢板焊接成的内筒。炉体向下方倾斜,分成干燥、燃烧及燃尽 3 段,并由前、后两端滚轮支撑和电机链轮驱动装置驱动。固体废物在窑内由进到出的移动过程中,完成干燥、燃烧及燃尽过程。其温度分布大致为:干燥区 200～400 ℃,燃烧区 700～900 ℃,高温熔融烧结区 1 100～1 300 ℃。冷却后的灰渣由炉窑下方末端排出。在进行固体废物燃烧时,随

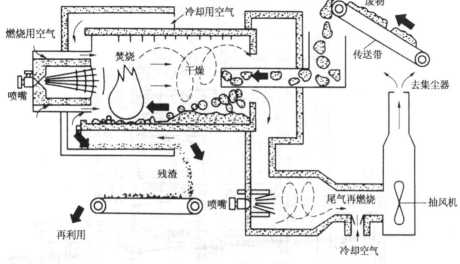

图 1-6-9　回转窑焚烧炉构造示意

着回转窑焚烧炉的缓慢转动,固体废物获得良好的翻搅及向前输送,预热空气由底部穿过有孔钢板至窑内,使垃圾能完全燃烧。回转窑焚烧炉通常在窑尾设置一个二次燃烧室,使烟中可燃成分在二次燃烧室得到充分燃烧,有机物破坏率一般能达到 99.9999% 以上。

回转窑焚烧炉的圆筒转速可以调节,一般为 0.75～2.50 r/min,长度和直径之比一般为 $(2:1)～(5:1)$,布置倾斜角度多为 $2°～4°$。

回转窑焚烧炉结构简单,制造成本低,运行费用和维修费较低,具有对固体废物适应性广、可连续运行等特点。回转窑焚烧炉不仅能焚烧固体废物,还能焚烧液体废物和气体废物。回转窑焚烧炉的缺点是窑身较长、占地面积较大、热效率低、成本高等。

4. 多段焚烧炉

多段焚烧炉又称为多膛炉或机械炉,是一种有机械传动装置的多膛焚烧炉。多段炉的炉体是一个垂直的内衬耐火材料的钢制圆筒,内部分成许多段(层),每段是一个炉膛。按照各段的功能,可以把炉体分成 3 个操作区:最上部是干燥区,温度为 310～540 ℃;中部是焚烧区,温度达到 760～980 ℃,固体废物在此区燃烧;最下部是焚烧后灰渣的冷却区。多段焚烧炉的结构如图 1-6-10 所示。

多段焚烧炉中心有一个顺时针旋转的中心轴,各段的中心轴上又带有多个搅拌杆(一般燃烧区有 2 个搅拌杆,干燥区有 4 个)。上部干燥区的中心轴由单筒组成,燃烧区的中心轴由双层套筒组成,两者均在筒内通入空气作为冷却介质。

这种装置结构不太复杂,操作弹性大,适应性强,是一种可以长期连续运行、可靠性相当高的焚烧装置,特别适于处理污泥和泥渣。现代几乎 70% 以上的焚烧污泥设备是使用多段焚烧炉的。但多段焚烧炉机械设备较多,需要较多的维修与保养费用,其搅拌杆、搅拌齿、炉床、耐火材料均易受损伤。另外,它通常需设二次燃烧设备,以消除恶臭污染。

6.1.5　焚烧过程中的污染防治

生活垃圾焚烧烟气中的污染物可分为颗粒物(烟尘)、酸性气态污染物(HCl,HF,SO_x,

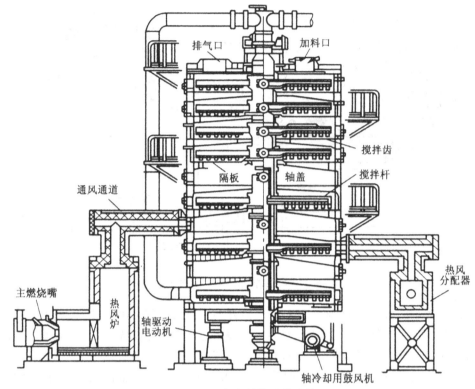

图 1-6-10　多段焚烧炉的结构

NO$_x$ 等)、重金属(Hg,Pb,Cr 等)和有机剧毒性污染物(二噁英、呋喃等)四大类。烟气的产生及组成与垃圾的成分、焚烧炉的炉型、燃烧条件等因素都有密切关系。为了防止垃圾焚烧处理过程中烟气的污染,需要在焚烧工艺中采用烟气净化系统控制垃圾焚烧烟气的排放。除此之外,焚烧过程中还产生炉渣,如将其直接排入环境,必将会导致二次污染,因此需要对其进行适当处理。以下介绍几种主要污染物的形成机理及其控制方法。

1. 烟尘的防治

废物焚烧时会产生烟尘,包括黑烟和飞灰两个部分。黑烟是可燃未燃尽的物质,主要成分是碳粒。飞灰是不可燃灰分的细小颗粒。烟尘的浓度与废物种类、粒度、燃烧方式、烟气流速、焚烧炉运行负荷及结构等许多因素有关。

焚烧过程中控制烟尘的方法有:①增加 O$_2$ 的浓度,保证废物燃烧完全,常采用通入二次空气的方法;②利用辅助燃烧提升炉温;③选用恰当的炉型和炉膛尺寸,保证燃烧过程合理充分;④对烟尘进行除尘、洗涤等处理。

2. 酸性气态污染物的控制

(1)HCl、HF 以及 SO$_x$ 的控制技术:这些污染物是由废物中的 S,Cl,F 等元素经过焚烧反应而形成的。HCl, HF 以及 SO$_x$ 的净化机理是利用酸碱中和反应。碱性吸收剂〔如 NaOH,Ca(OH)$_2$〕以液态(湿法)、液/固态(半干法)或固态(干法)的形式与以上污染物发生化学反应。另外,从控制来源入手,如减少塑料等含氯有机物进入焚烧炉,可减少烟气中 HCl 的量。

(2)NO$_x$ 的控制技术:焚烧所产生的氮氧化物主要来源于两方面,一是高温下,N$_2$ 和 O$_2$

反应形成 NO_x；二是废物中的含氮组分转化成的燃料型 NO_x。焚烧烟气中的 NO_x 以 NO 为主，其含量高达 95% 或更多。

焚烧过程中可以通过采取以下方法减少 NO_x 的产生和排放：①控制过剩空气量，在燃烧过程中降低 O_2 的浓度；②控制炉膛温度，使反应温度为 700～1 200 ℃。

由于 NO_x 的惰性(不易发生化学反应)和难溶于水的特性，因此 NO_x 的净化是最困难且费用最为昂贵的。目前常用的 NO_x 净化方法有以下 3 种：

1)选择性催化氧化(selective catalytic reduction，SCR)法。向烟气中通入 NH_3 作为还原剂，并通过催化反应床使 NO_x 还原成 N_2，反应式可以表示为

$$NO + NH_3 + \frac{1}{4}O_2 \longrightarrow N_2 + \frac{3}{2}H_2O$$

$$NO + NO_2 + 2NH_3 \longrightarrow 2N_2 + 3H_2O$$

这种方法由于催化剂的存在，因此反应在不高于 400 ℃ 的条件下即可完成，且 NO_x 的去除率可以达到 90% 以上，运用较为广泛；缺点是建设费用高，且催化剂更换费用也较高。

2)选择性非催化还原(selective non-catalytic reduction，SNCR)法。该方法也叫无触媒脱氮法。将尿素或氨水等还原剂喷入焚烧炉内，通过下列反应将 NO_x 转化为 N_2。

$$2NO + 2(NH_2)_2CO + 2O_2 \longrightarrow 3N_2 + 4H_2O + 2CO_2$$

与 SCR 法不同，SNCR 法不需要催化剂，其还原反应所需的温度较高(800～1 000 ℃)。该方法对 NO_x 的去除率约为 30%，当喷入药剂过多时，会产生氯化铵由烟囱排出，烟囱的烟气会变紫；但本方法简便易行，且成本低廉。

3)氧化吸收法。氧化吸收法是在湿法净化系统的吸收剂中加入强氧化剂如 $NaClO_2$，将烟气中的 NO 氧化成 NO_2，NO_2 再被碱溶液吸收去除。

3. 二噁英的控制与净化技术

二噁英是废物在焚烧过程中产生的毒性很强的有机氯化物，也是目前已知毒性最强的化合物，其毒性相当于氰化钾的 1 000 倍，被称为地球上毒性最强的毒物，动物实验表明其具有强致癌性和致畸性。固体废物在焚烧过程中会产生二噁英，如聚氯乙烯、氯代苯、氯苯酚等在燃烧中会生成二噁英。

二噁英的控制可从控制来源、减少炉内形成及避免外低温区再合成 3 个方面着手。

(1)控制来源：通过生活垃圾分类收集来加强资源回收，避免含二噁英/呋喃(polychlorinated dibenzodioxins/polychlorinated dibenzofurans，PCDDs/PCDFs)物质及氯成分高的物质(如 PVC 塑料等)进入焚烧炉中，是减少二噁英产生的最有效措施。

(2)减少炉内形成：目前国际上大型生活垃圾焚烧系统均采用"3T1E"技术和先进的焚烧自动控制系统。高温(850～1000 ℃)焚烧，二次燃烧室停留时间 2.0 s 以及较大的湍流度和供给过量的空气量(含氧量为 6%～12%)，可以从工艺条件上避免二噁英的大量生成。

(3)避免炉外低温区再合成：PCDDs/PCDFs 炉外再合成现象多发生在锅炉内或在粒状污染物控制设备前。其可以通过以下几种方法加以控制：

1)缩短烟气在合成温度区间内的停留时间。二噁英主要是在燃尽段生成的，烟气温度是影响二噁英形成的最为重要的因素。在焚烧系统余热锅炉接上两条旁路，第一条旁路内的烟气采用水淬急冷，第二条旁路内的烟气采用循环水冷却，在两条旁路的出口处测定 PCDDs/PCDFs 的浓度，结果表明采用水淬急冷的旁路出口处 PCDDs/PCDFs 的浓度只有循

环水冷却的旁路出口处浓度的一半。因此,采用急冷措施(即迅速提高烟气的冷却速率)将烟气迅速冷却,可缩短在此温度范围内的停留时间,可以有效减少二噁英的生成量。

2)高温分离飞灰。大量的研究表明,二噁英的生成反应是由飞灰表面物质及其所吸附的重金属催化完成的。从理论上说,在200~500 ℃分解飞灰,二噁英的生成量应该会明显减少。

3)优化锅炉设计,加强锅炉吹扫能力。二噁英的原始合成反应需要的碳源主要来自飞灰的残炭,其能明显增加焚烧系统内二噁英的含量。

4)添加二噁英生成抑制剂。二噁英生成抑制剂包括各种有机和无机添加剂。无机添加剂主要有硫氧化物,碱性吸附剂〔如 $CaCO_3$,CaO,$Ca(OH)_2$,$CaSO_4$,$MgCO_4$,MgO,$Mg(OH)_2$,BaO,$BaCO_3$,$Ba(OH)_2$,$BaSO_4$等〕,氨以及强氧化剂 H_2O_2,O_3等。有机添加剂主要包括 2-氨基乙醇、三乙胺、尿酸、3-氨基丙醇、吡啶馏分、氰胺、乙二醇等。

二噁英污染物的净化是指从烟气中去除二噁英的末端处理技术,目的是减少从烟气中排放进入环境的二噁英的量。重力沉降、湿法喷淋、旋风分离、静电除尘、文丘里洗涤器洗涤、布袋除尘、吸附剂吸附等技术在不同的操作条件下被单独或组合使用,其中干式/半干式喷淋塔结合布袋除尘器、活性炭吸附二噁英等方法是目前控制烟气中二噁英排放最常用也是最为有效的技术。根据活性炭加入方法的不同,其又可分为 3 种工艺:活性炭注射工艺、移动床工艺和固定床工艺。在活性炭注射工艺中,活性炭在干式/半干式喷淋塔后(布袋除尘器前)被注入烟气中,吸附烟气中的二噁英,然后由布袋除尘器捕集下来,每隔一段时间清除布袋除尘器捕集下来的飞灰和活性炭。在移动床工艺中,烟气通过一个移动的活性炭床层,新鲜的活性炭从床层的顶部加入,吸附后的活性炭从床层的底部连续或间歇地排出。在固定床工艺中,烟气通过一个固定的活性炭床层,吸附一段时间后,整个床层的活性炭均被替换。

6.2 固体废物热解设备的运行管理

6.2.1 热解的原理和特点

1. 热解的原理

热解(pyrolysis)是利用废物中有机物的热不稳定性,在无氧或缺氧条件下对其进行加热蒸馏,使有机物产生热裂解,经冷凝后形成各种新的气体、液体和固体,从中提取燃料油、油脂和燃料气的过程。该过程是一个复杂的化学反应过程,包括大分子的键断裂、异构化和小分子的聚合等反应,最后生成各种较小的分子。热解产物的产率取决于原料的化学结构、物理形态和热解的温度与速度。热解反应可以用通式表示如下:

$$有机物+热 \xrightarrow{\text{无氧或缺氧}} Gs(气体)+Ls(液体)+Ss(固体)$$

例如,纤维素的热解过程可简单表示为

$$C_6H_{10}O_5 \longrightarrow 5CO+5H_2+C$$

2. 热解的特点

热解过程一般在400~800 ℃的条件下进行,通过加热使固体物质挥发液化或分解。产物通常包括气体、液体和固体物质,其含量根据热解的工艺和反应参数(如温度、压力)的不同而有所差异。低温通常会产生较多的液体产物,而高温则会使气态物质增加。慢速热解(碳化)过程需要在较低温度下以较慢的反应速度进行,使固体焦类物质的产量能够达到最大。快速或闪速热解是为了使气体和液体产物的产量最大化,这样得到的气体产物通常具有适中的热值($13\sim21~MJ/m^3$);而液体产物通常称为"热解油"或"生物油",是混有许多碳水化合物的复杂物质,这些物质可以通过转化成为各种化合产品或者产生电能及热能。

热解法和焚烧法是两个完全不同的过程,其区别见表 1-6-2。

表 1-6-2　热解与焚烧的区别

项　目	焚　烧	热　解
反应	放热反应	吸热反应
产物	CO_2 和 H_2O	燃料油、燃料气和碳
资源利用方式	热能(就近使用)	燃料气和燃料油,可远距离输送
污染情况	废气污染严重	二次污染轻

6.2.2　影响热解的主要参数

1. 温　度

反应器的关键控制变量是温度。从热解的开始到结束,有机物都处在一个复杂的热解过程中,不同的温度区间所进行的反应过程不同,产出物的组成也不同。因此,热解产品的产量和成分可通过控制反应器的温度来进行有效调整。

2. 湿　度

热解过程中湿度的影响是多方面的,主要表现为影响产气的产量和成分、热解的内部化学过程以及整个系统的能力平衡。

3. 反应时间

反应时间是指反应物料完成反应后在炉内停留的时间。它与物料尺寸、物料分子结构特征、反应器内的温度、热解方式等因素有关,会影响热解产物的成分和总量。物料反应尺寸愈小,反应时间愈短;物料分子结构愈复杂,反应时间愈长。

4. 加热速率

加热速率的快慢直接影响固体废物的热解过程,从而也影响热解产物。在低温低速条件下,有机物分子有足够的时间在其最薄弱的节点处分解,重新结合为热稳定性固体,而难以进一步分解,固体产率增加;在高温高速条件下,热解速度快,有机物分子结构发生全面裂解,生成大范围的低分子有机物,产物中气体组分增加。

此外,物料的粒径及其分布影响到物料之间的温度传递和气体流动,因而对热解也有影响。

6.2.3　热解工艺设备及运行管理

热解过程由于温度、供热方式、热解炉结构、产品状态等方面的不同,热解工艺也各不相同。热解工艺按热解炉的结构可分为固定床、移动床、流动床、旋转炉等。

1. 生活垃圾的热解

城市生活垃圾的热解技术可以根据其装置的类型分为移动床熔融炉方式、回转窑方式、流化床方式、多段炉方式和 Flush Pyrolysis 方式,其中,回转窑方式和 Flush Pyrolysis 方式作为最早开发的垃圾热解处理技术,代表性的系统有 Landgard 系统和 Occidental 系统。多段炉主要用于含水率较高的有机污泥的处理。流化床有单塔式和双塔式两种,其中双塔式流化床已经达到工业化生产规模。移动床熔融炉方式是垃圾热解技术中最成熟的方法,代表性的系统有新日铁系统、Purox 系统和 Torrax 系统。

(1)移动床热解工艺:移动床热解装置如图 1-6-11 所示。经适当破碎除去重组分的城市生活垃圾从炉顶的气锁加料斗进入热解炉,从炉底送约为 600 ℃的空气-水蒸气混合气,炉体温度由上到下逐渐增加。炉顶为干燥预热区,依次为热分解区和气化区。垃圾经过各区分解后产生的残渣经回转炉栅从炉底排出。空气-水蒸气与残渣换热,排出的残渣温度接近室温,热解产生的气体从炉顶出口排出。炉内的压力为 7 kPa。生成的气体含 N_2 约为 43%,H_2O 和 CO 均为 21%左右,CO_2 为 12%,CH_4 为 1.8%,C_2H_4 在 1%以下。由于含大量的 N_2,因此热值非常低,为 3 770~7 540 kJ/m^3。

(2)双塔循环式流动床热解工艺:该工艺的特点是热分解及燃烧反应分别在两个塔中进行,热解所需要的热量由热解生成的固体碳或燃料气在燃烧塔内燃烧

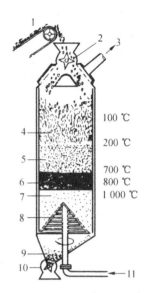

图 1-6-11 移动床热解装置

1—垃圾;2—气锁送料器;3—产生气体出口;4—干燥预热区;5—热分解区;6—气化区;7—灰堆积区;8—回转炉栅;9—受灰槽;10—排灰装置;11—空气-水蒸气进口

来供给。惰性的热媒体(砂)在燃烧炉内吸收热量,并被流化气鼓动成流态化,经连接管到热分解塔与垃圾相遇,供给热分解所需的热量,再经连接管返回燃烧炉内,被加热后再返回热解炉。受热的垃圾在热解炉内分解,生成的气体一部分作为热解炉的流动化气体供循环使用,另一部分成为产品。其工艺如图 1-6-12 所示。

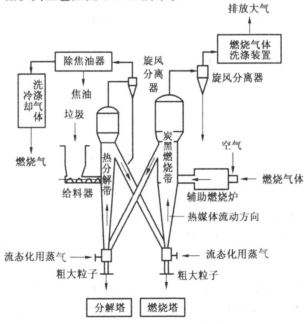

图 1-6-12 双塔循环式流动床热解工艺

双塔循环式流动床的特点包括：①热分解的气体系统内，不混入燃烧废气，提高了气体热值，可达到 17 000～18 900 kJ/m³；②碳燃烧需要的空气量少，向外排出废气少；③在流化床内温度均匀，可以避免局部过热；④由于燃烧温度低，因此产生的 N_2 少，特别适于含热塑性材料多的废物热解。

（3）纯氧高温热分解工艺：其工艺如图 1-6-13 所示。

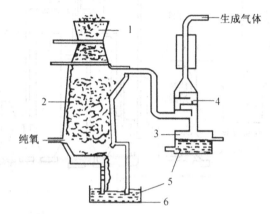

图 1-6-13　纯氧高温热分解工艺
1—垃圾给料斗；2—炉；3—沉降槽；4—洗涤塔；5—水；6—残渣

垃圾由炉顶加入并在炉内缓慢下移，纯氧从炉底送入，首先到达燃烧区，参与垃圾燃烧。垃圾燃烧产生的高温烟气与向下移动的垃圾在炉体中部相互作用，有机物在还原状态下发生热解。热解气向上运动穿过上部垃圾层并使其干燥。最后，烟气离开热解炉到净化系统处理回收。产生的气体主要有 CO，O_2，H_2，约占烟气量的 90%。此外，还有玻璃、金属等熔融体。

该装置实际运行结果表明，产生的气体组分为 CO 47%，H_2 33%，CO_2 14%，CH_4 4%，低位发热值为 11 000 kJ/m³，每吨垃圾所得热量为 $7.3×10^6$ kJ，产生气体量为 0.7 t，熔融玻璃及金属 0.22 t，消耗纯氧 0.2 t/t 垃圾。

该法的特点是不需要前处理，流程简单，有机物几乎全部分解，分解温度高达 1 650 ℃。该法由于直接采用纯氧，故 NO_x 产生量极少，主要问题是能否提供廉价的纯氧。

（4）新日铁系统：该系统是将热解和熔融一体化的设备，通过控制炉温和供氧条件，使垃圾在同一炉体内完成干燥、热解、燃烧和熔融。干燥段温度约为 300 ℃，热解段温度为 300～1 000 ℃，熔融段温度为 1 700～1 800 ℃。其工艺流程如图 1-6-14 所示。

垃圾由炉顶投料口进入炉内，为了防止空气的混入和热解气体的泄漏，投料口采用双重密封阀结构。进入炉内的垃圾在竖式炉内由上向下移动，通过与上升的高温气体换热，垃圾中的水分受热蒸发，逐渐降至热解段，在控制的缺氧状态下有机物发生热解，生成可燃气和灰渣。有机物热解产生可燃性气体导入二次燃烧室进一步燃烧，并利用尾气的余热发电。灰渣进一步下移进入燃烧区，灰渣中残存的热解固相产物炭黑与从炉下部通入的空气发生燃烧反应，其产生的热量不足以达到灰渣熔融所需温度，通过添加焦炭来提供碳源。灰渣熔融后形成玻璃体和铁，体积大大减少，重金属等有害物质也被完全固定在固相中。玻璃体可以直接填埋处置或作为建材加以利用，磁分选出的铁也有足够的利用价值。热解得到的可燃性气体的热值为 6 273～10 455 kJ/m³，其组分见表 1-6-3。熔融固相产物的玻璃体和金

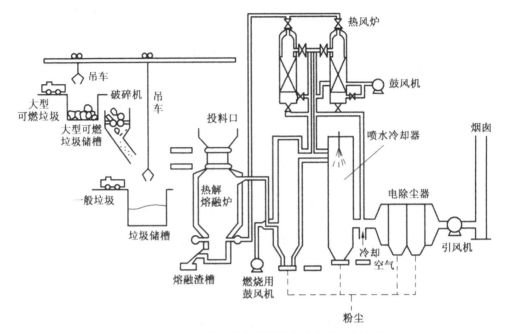

图 1-6-14　新日铁系统垃圾热解熔融处理工艺流程

属铁的成分分析分别列于表 1-6-4 和表 1-6-5 中。

表 1-6-3　热解气体组分分析

| 产气量(标态)/ | 组分/% | | | | | | | 热值/ |
(m³/t)	CO_2	CO	H_2	N_2	CH_4	C_2H_4	C_2H_6	(kJ/m³)
550	23.8	29.6	25.0	17.8	2.65	1.03	0.10	7 527.6

表 1-6-4　熔融产物(玻璃体)成分分析

成分	FeO	SiO_2	CaO	Al_2O_3	TiO_2	MgO	K_2O	Na_2O	MnO	Cl	S
含量/%	10.1	42.4	16.1	16.8	0.75	1.64	0.78	5.32	0.24	0.13	0.11

表 1-6-5　回收金属铁成分分析

成分	C	Si	Mn	P	S	Ni	Cr	Cu	Mo	Sn	Sb
含量/%	1.38	3.22	0.09	1.70	0.34	0.46	0.51	1.41	0.01	0.06	0.03

2. 废塑料的热解

微波加热减压分解废塑料流程:热风炉与微波同时将破碎塑料加热至 230～280 ℃使塑料熔融,送入反应炉加热至 400～500 ℃分解,生成的气体经冷却液化回收燃料油。

聚烯烃浴热解流程:利用聚氯乙烯脱 HCl 的温度比聚乙烯、聚丙烯和聚苯乙烯分解的温度低的特点,将后 3 者在接近 400 ℃时熔融,形成熔融液使聚氯乙烯受热分段。分解产物有 HCl 和 C_1～C_{30} 的碳氢化合物,还有 CO,N_2,H_2O 及残渣等。

3. 废橡胶的热解

废橡胶(如废轮胎)的热解产物中包括 22％的气体、27％的液体、39％的炭灰、12％的铜丝。气体主要为 CH_4，C_2H_6，C_2H_4，C_3H_6，CO 等,液体主要是苯、甲苯和其他芳香族化合物。

4. 农业固体废物的热解

农业固体废物中存在大量的脂肪、蛋白质、淀粉和纤维素,也可以经过热解得到燃料油和燃料气。早在 20 世纪 50 年代,我国就从农业废玉米芯中提取糠醛,作为化工原料。

5. 污泥的热解

污泥热解炉型多为多段竖炉,为了提高热解炉的热效率,应该在控制二次污染(六价铬,NO_x)产生量的前提下,尽量采用较高的燃烧率(空气比 0.6～0.8)。此外,热解产生的可燃气体以及 NH_3，HCN 等有毒有害气体必须经过二次燃烧室以实现无害化。通常情况下,HCN 的热解温度为 800～900 ℃,还应对二次燃烧室排放的高温气体进行预热回收。回收的热量主要可用于脱水泥饼的干燥、热解炉助燃空气的预热以及二次燃烧室助燃空气的预热,其中后两项对热量的消耗相对较少,因而回收热主要用于脱水泥饼的干燥。考虑到直接热风干燥方式需要对干燥排气进行处理,因此干燥方式最好采用蒸气间接加热装置。二次燃烧室高温排气的预热通过余热锅炉产生蒸气用于干燥设备的热源。

一般的污泥干燥-热解生产流程如图 1-6-15 所示。污泥经脱水后,干燥至含水率约为 10％,在反应器内热解成油、反应水、气体和碳;气体和碳及部分油在燃烧器中燃烧,高温燃气中的产热先用于反应器加热,后在废热锅炉中产生蒸气用于干燥;尾气净化排空,反应水(约为污泥干重的 5％)回流到污水厂再处理。

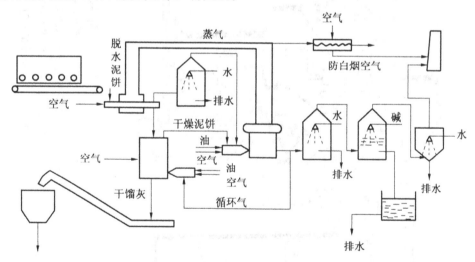

图 1-6-15　污泥干燥-热解生产流程

【任务实施】

垃圾焚烧厂经常有外宾参观,需要有人对主要工艺及焚烧厂运行管理做一些介绍,包括焚烧工艺流程及焚烧炉性能指标介绍、焚烧炉工作原理介绍及焚烧烟气处理工艺介绍。

(1)根据图 1-6-16 和图 1-6-17 所示介绍并解释垃圾焚烧工艺流程及我国垃圾焚烧厂主要性能指标。

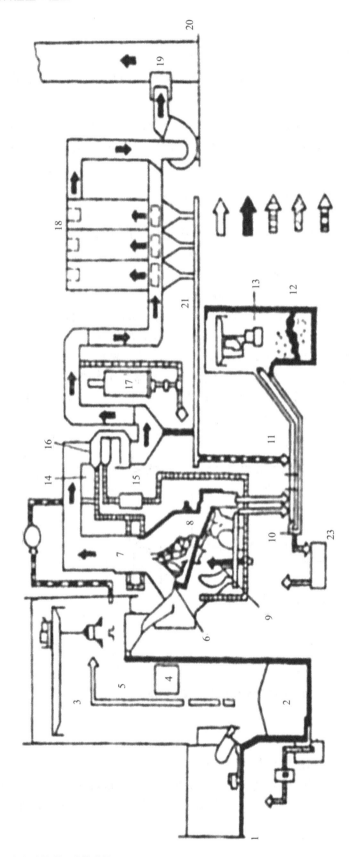

图1-6-16 城市垃圾焚烧厂处理工艺流程

1—倾斜平台；2—垃圾坑；3—抓斗；4—操作室；5—进料口；6—炉排干燥段；
7—炉排燃烧室；8—炉排后燃烧段；9—焚烧炉；10—灰渣；11—出灰输送带；12—灰渣坑；
13—出灰抓斗；14—废气冷却室；15—热交换器；16—空气预热器；17—酸性气体去除设备；
18—滤袋集尘器；19—引风机；20—烟囱；21—飞灰输送带；22—抽风机；23—废水处理设备

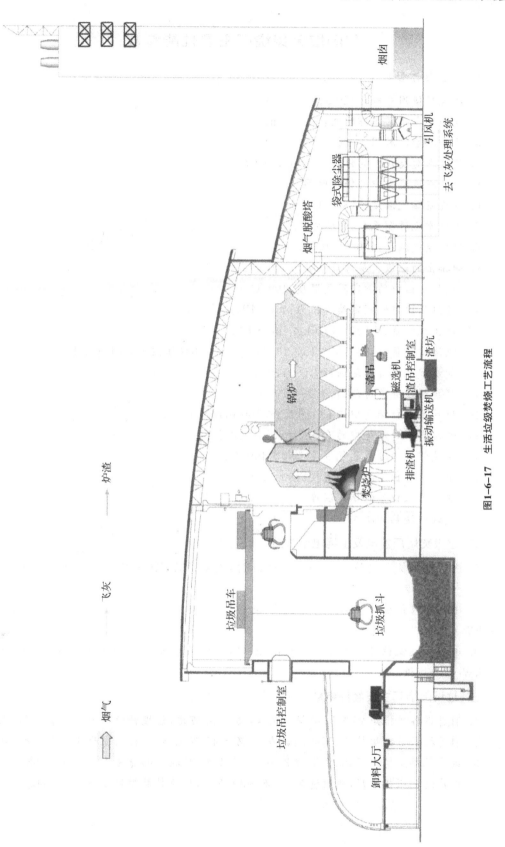

图1-6-17　生活垃圾级焚烧工艺流程

我国垃圾焚烧厂主要性能参数

一、主要技术参数

1. 焚烧厂使用寿命：>20 a。

2. 焚烧炉年正常工作时间：≥8000 h。

3. 年平均检修时间：<30 d。

4. 垃圾在焚烧炉中的停留时间：1.6～2.0 h。

5. 烟气在燃烧室中的停留时间：≥2 s。

6. 燃烧室烟气温度：>850 ℃。

7. 燃烧空气过剩系数：1.8左右。

8. 助燃空气温度：150～250 ℃。

9. 炉排上的垃圾料层厚度：500～900 mm。

10. 过热器出口的额定蒸气温度：400 ℃。

11. 过热器出口的额定蒸气压力：4.0 MPa。

12. 炉排机械负荷：220～280 kg/(m^2·h)。

13. 燃烧室热负荷：$9×10^4$～$15×10^4$ kcal/(m^3·h)（注：1 cal≈4.182 J）。

14. 焚烧炉允许负荷范围：70%～110%。

15. 焚烧炉经济负荷范围：90%～100%。

16. 燃烧室出口烟气中的CO浓度：<100 mg/Nm^3。

17. 燃烧室出口烟气中的O^2浓度：6%～12%。

18. 余热锅炉中过热蒸气温度：350～400 ℃。

19. 余热锅炉出口的排烟温度：190～240 ℃。

20. 除尘器入口处的烟气温度：150～170 ℃。

21. 焚烧炉渣热灼减率：≤3%。

二、垃圾焚烧厂发电及上网电量参数

1. 进厂垃圾低位热值为1 000 kcal/kg时，发电量为220 kW·h/t垃圾，上网电量为170 kW·h/t垃圾。

2. 进厂垃圾低位热值为1 200 kcal/kg时，发电量为260 kW·h/t垃圾，上网电量为200 kW·h/t垃圾。

3. 进厂垃圾低位热值为1 400 kcal/kg时，发电量为320 kW·h/t垃圾，上网电量为250 kW·h/t垃圾。

三、垃圾焚烧厂主要经济参数

1. 引进设备炉排炉焚烧厂，吨投资为45万～50万元，垃圾补贴费为80～150元/吨。

2. 引进技术炉排炉焚烧厂，吨投资为40万～45万元，垃圾补贴费为60～130元/吨。

3. 国产炉排炉焚烧厂，吨投资为30万～35万元，垃圾补贴费为50～110元/吨。

4. 国产流化床焚烧厂，吨投资为25万～30万元，垃圾补贴费为30～70元/吨。

（2）根据图 1-6-18 至图 1-6-20 所示介绍主要的各种垃圾焚烧炉的工作原理或运行条件。

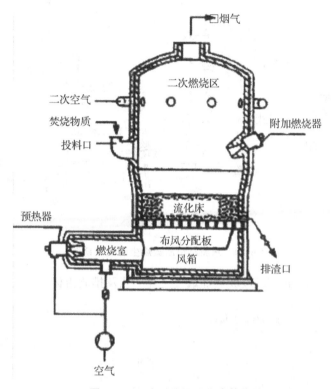

图 1-6-18　生活垃圾流化床焚烧炉

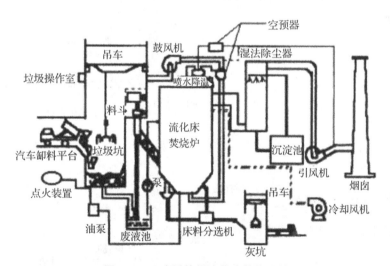

图 1-6-19　生活垃圾流化床焚烧系统

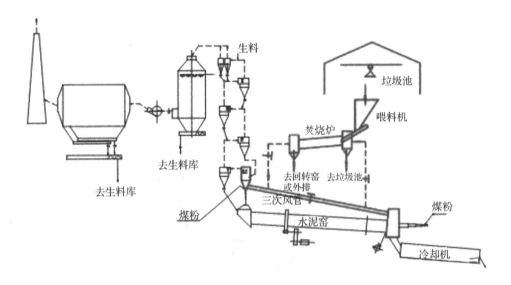

图 1-6-20　水泥窑协助焚烧生活垃圾系统

（3）根据图 1-6-21 所示介绍垃圾焚烧烟气处理工艺及排放指标。

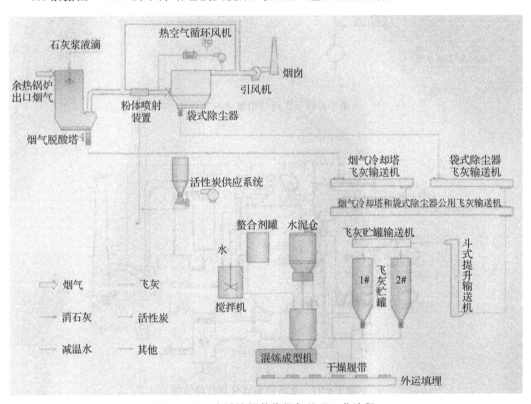

图 1-6-21　生活垃圾焚烧烟气处理工艺流程

【考核与评价】

考查学生能否根据垃圾焚烧处理原理熟练介绍焚烧处理工艺流程、焚烧炉性能指标及烟气处理工艺。

（1）焚烧炉性能指标的理解、机械炉排炉焚烧工艺流程以及焚烧烟气处理工艺流程。

（2）介绍熟练程度、专业术语表达准确性以及语言表达流畅。

【讨论与拓展】

各小组就焚烧工艺流程介绍如何表达更完整、更清晰,介绍时应该注意哪些问题进行讨论。

任务 7　介绍生活垃圾堆肥厂运行管理要点(选学)

【任务描述】

某校现有"固体废物处理与处置"课程实习,要到龙岩市环境卫生管理处管理的龙岩固体废物工业园的生活垃圾堆肥厂参观实习,现该公司派你作为主要负责人介绍该生活垃圾堆肥厂运行管理要点,主要包括如何组织,如何介绍生活垃圾堆肥工艺流程、二次污染及其控制等内容。

【知识点】

堆肥化(composting)是在人为控制条件下,利用自然界广泛分布的细菌、放线菌、真菌等微生物,促进来源于生物的有机废物发生生物稳定作用。堆肥化不同于卫生填埋、废物的自然腐烂与腐化。

7.1　堆肥原理和过程

7.1.1　堆肥原理

堆肥是在有氧条件下,依靠好氧微生物的作用把有机固体废物腐殖化的过程。在堆肥过程中,首先是有机固体废物中的可溶性物质透过微生物的细胞壁和细胞膜被微生物直接吸收;其次,不溶的胶体有机物质,先吸附在微生物体外,依靠微生物分泌的胞外酶分解为可溶性物质,再渗入细胞。微生物通过自身的生命代谢活动,进行分解代谢(氧化还原过程)和合成代谢(生物合成过程),把一部分被吸收的有机物氧化成简单的无机物,并释放出生物生长、活动所需要的能量,把另一部分有机物转化合成新的细胞物质,使微生物生长繁殖,产生更多的生物体。好氧堆肥原理如图 1-7-1 所示。

堆肥过程中,有机物转化可以用如下通式表示:

$$C_aH_bN_cO_d+0.5(nz+2s+r-d)O_2 \longrightarrow nC_wH_xN_yO_z+rH_2O+sCO_2+(c-ny)NH_3+能量$$

式中　$r=0.5[b-nx-3(c-ny)]$;

$s=a-nw$;

n 为降解效率(摩尔转化率<1,通常为 0.3~0.5)。

$C_aH_bN_cO_d$ 和 $C_wH_xN_yO_z$ 分别为堆肥原料和堆肥产物的成分。

堆肥微生物可以来自自然界,也可以利用经过人工筛分出的特殊菌种进行接种,以提高堆肥反应速度。堆肥的结果是有机废物向稳定化程度较高的腐殖质方向转化。腐殖质的形成十分复杂,其生物学过程如图 1-7-2 所示。

好氧堆肥技术具有在短时间内消除有机污染、高温灭菌、降低废物水分、减少浸出液量、生产周期短、占地面积小、便于浸出液的收集及处理、不产生易燃气体、安全性好等优点;但其耗电量较大,运行费用较高。

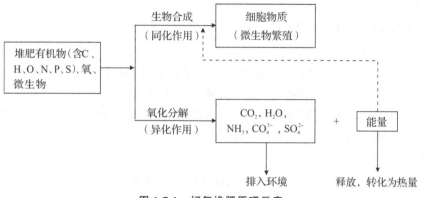

图 1-7-1　好氧堆肥原理示意

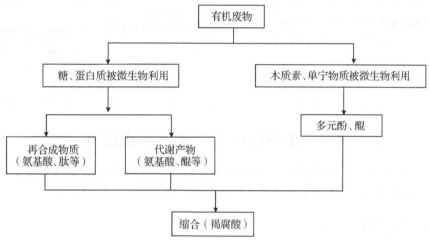

图 1-7-2　堆肥过程中腐殖质物质形成示意

7.1.2　堆肥过程

根据堆肥过程中堆体内温度的变化状况,堆肥过程大致可分成以下 3 个阶段。

1. 中温阶段(主发酵前期,1～3 d)

中温阶段也称产热阶段,主要指堆肥过程初期,堆体温度为 15～45 ℃。该过程嗜温性微生物较为活跃,主要以糖类和淀粉类物质等可溶性有机物为基质,进行自身的新陈代谢过程。这些嗜温性微生物主要包括真菌、细菌和放线菌。真菌菌丝体能够延伸到堆肥原料的所有部分,并会出现中温真菌的实体。

2. 高温阶段(主发酵、一次发酵,3～8 d)

当堆温升至 45 ℃以上时即进入高温阶段,在这一阶段,嗜温性微生物受到抑制甚至死亡,取而代之的是嗜热菌微生物。堆肥中残留和新形成的可溶性有机物质继续分解转化,复杂的有机化合物如半纤维素、纤维素、蛋白质等开始被强烈分解。通常,在 50 ℃左右进行活动的主要是嗜热性真菌和放线菌;温度上升到 60 ℃时,真菌几乎完全停止活动,仅有嗜热性放线菌与细菌活动;温度升到 70 ℃以上时,大多数嗜热性微生物已不适应,微生物大量死亡或进入休眠状态。

3. 腐熟阶段(后发酵、二次发酵,20~30 d)

当高温持续一段时间后,易分解的有机物(包括纤维素等)已大部分分解,只剩下部分较难分解的有机物和新形成的腐殖质,此时微生物活性下降,发热量减少,温度下降。在此阶段,嗜温性微生物又占优势,对残余的较难分解的有机物做进一步分解,腐殖质不断增多且稳定化,此时堆肥即进入腐熟阶段,需氧量大大减少,含水量也降低。此阶段堆肥可施用。

堆肥中的微生物相随温度变化而变化,堆制物料也有较大差异。在各个阶段参与生化反应的细菌见表1-7-1。

表 1-7-1　高温堆肥的 3 个阶段

阶　　段	物质变化	温度/℃	热　　量	微生物
中温阶段	蛋白质、糖、淀粉等易分解物质迅速分解	常温~50	产热增加	中温好气性微生物为主(芽孢细菌、霉菌)
高温阶段	复杂化合物(纤维素等)强烈分解,腐殖质产生	50~70	产热继续增加	好热性的高温性微生物
腐熟阶段	难分解的木质素和新形成的腐殖质	<50	产热减少	中温性微生物

7.2　堆肥过程的技术参数及控制

好氧堆肥过程是利用好氧微生物分解有机物的过程,因此影响好氧微生物生长、繁殖的因素都会影响堆肥过程,主要有以下几个方面。

7.2.1　有机物含量

有机物是微生物赖以生存和繁殖的重要因素。对于快速高温机械化堆肥而言,首要的是热量和温度间的平衡问题。大量的研究工作表明,堆肥中适当的有机物含量为20%~80%;当有机物含量低于20%时,堆肥过程产生的热量不足以提高堆层的温度而达到堆肥无害化,也不利于堆体中高温分解微生物的繁殖,无法提高堆体中微生物的活性;当有机物含量高于80%时,由于高含量的有机物在堆肥过程中对 O_2 的需求很大,而实际供气量难以达到要求,往往使堆体中达不到好氧状态而产生恶臭,也不能使好氧堆肥顺利进行。

7.2.2　供氧量

O_2 是堆肥过程有机物降解和微生物生长所必需的物质,因此,较好的通风条件、提供充足的 O_2 是好氧堆肥过程正常运行的基本保证。通风可使堆层内的水分以水蒸气的形式散失掉,达到调节堆温和堆内水分含量的双重目的,可避免后期堆肥温度过高。但在堆肥后期,主发酵排出的废气温度较高,会从堆肥中带走大量水分,从而使物料干化,因此需考虑通风与干化间的关系。

[例7-7-1]用一种成分为 $C_{31}H_{50}NO_{26}$ 的堆肥物料进行实验室规模的好氧堆肥实验。实验结果:每1 000 kg堆料在完成堆肥化后仅剩下200 kg,测定产品成分为 $C_{11}H_{14}NO_4$,试求每1 000 kg物料的化学计算理论需氧。

解：（1）计算出堆肥物料 $C_{31}H_{50}NO_{26}$ 千摩尔质量为 852 kg/kmol，可计算出参加堆肥过程的有机物物质的量为 1 000/852＝1.174 kmol。

（2）堆肥产品 $C_{11}H_{14}NO_4$ 的千摩尔质量为 224 kg/kmol，可计算出参加堆肥过程的残余有机物物质的量，即 $n=200/(1.174×224)=0.76$ kmol。

（3）若堆肥过程可表示为

$$C_aH_bO_cN_d + \frac{nz+2s+r-d}{2}O_2 \longrightarrow nC_\omega H_x O_y N_z + sSO_2 + rH_2O + (c-ny)NH_3$$

由已知条件：$a=31,b=50,c=1,d=26,\omega=11,x=14,y=1,z=4$，可以算出：

$r=19.32,s=22.64$

则堆肥过程中所需的氧量为

$m=[0.5×(0.76×4+2×22.64+19.32-26)×1.174×32]=782.17$ kg

7.2.3 含水率

水分是维持微生物生长代谢活动的基本条件之一，水分适当与否直接影响堆肥发酵速率和腐熟程度，是影响好氧堆肥的关键因素之一。堆肥的最适含水率为 30%～60%（质量分数），此时微生物分解速率最快；当含水率为 40%～50% 时，微生物的活性开始下降，堆肥温度随之降低；当含水率小于 20% 时，微生物的活动就基本停止；当含水率超过 70% 时，温度难以上升，有机物分解速率降低，由于堆肥物料之间充满水，有碍于通风，从而造成厌氧状态，不利于好氧微生物生长，还会产生 H_2S 等恶臭气体。

7.2.4 温 度

温度是堆肥得以顺利进行的重要因素。堆肥初期，堆体温度一般与环境温度相一致，经过中温菌的作用，堆体温度逐渐上升。随着堆体温度的升高，一方面加速分解消化过程，另一方面也可杀灭虫卵、致病菌、杂草籽等，使得堆肥产品可以安全地用于农田。堆体最佳温度为 45～60 ℃。

有机质含量过低，分解产生的热量不足以维持堆肥所需要的温度，会影响无害化处理，且产生的堆肥成品由于肥效低而影响其使用价值；如果有机质含量过高，则给通风供氧带来困难，有可能产生厌氧状态。

7.2.5 颗粒度

堆肥过程中供给的 O_2 是通过颗粒间的空隙分布到物料内部的，因此，颗粒度的大小对通风供氧有重要影响。从理论上说，堆肥物颗粒应尽可能小，才能使空气有较大的接触面积，并使得好氧微生物更易更快将其分解。但如果太小，又易造成厌氧条件，不利于好氧微生物的生长繁殖。因此，堆肥前需要通过破碎、分选等方法去除不可堆肥化物质，使堆肥物料粒度达到一定程度的均匀化。

7.2.6 C/N 比和 C/P 比

堆肥原料中的 C/N 比是影响堆肥微生物对有机物分解的最重要因子之一。C 是堆肥化反应的能量来源，是生物发酵过程中的动力和热源；N 是微生物的营养来源，主要用于合成微生物体,是控制生物合成的重要因素,也是反应速率的控制因素。而微生物每利用30份的 C 就需要 1 份 C,故初始物料的 C/N 比为 30∶1 最好,其最佳值为(26∶1)～(35∶1)。成品堆肥的适宜 C/N 比为(10∶1)～(20∶1)。由于初始原料的 C/N 比一般高于最佳值,故应加入氮肥水溶液、粪便、污泥等调节剂,使之符合要求。如果 C/N 比过小,则容易引起菌体衰老和自溶,造成氮源浪费和酶产量下降;如果 C/N 比过高,则容易引起杂菌感染,同时由于没有足够量的微生物来产酶,会造成碳源浪费和酶产量下降,也会导致成品堆肥的 C/N 比过高,这样堆肥施入土壤后,将夺取土壤中的氮素,使土壤陷入"氮饥饿"状态,影响作物生长。因此,应根据各种微生物的特性,恰当地选择适宜的 C/N 比。调整的方法是加入人粪便、牲畜粪便、城市污泥等。常见有机废物的 C/N 比见表 1-7-2。

表 1-7-2　常见有机废物的 C/N 比

有机废物	C/N 比	有机废物	C/N 比
稻草、麦秆	70～100	猪粪	7～15
木屑	200～1 700	鸡粪	5～10
稻壳	70～100	污泥	6～12
树皮	100～350	杂草	12～19
牛粪	8～26	厨余垃圾	20～25
水果废物	34.8	活性垃圾	6.3

除 C 和 N 之外,P 也是微生物必需的营养元素之一,它是磷酸和细胞核的重要组成元素,也是生物能 ATP 的重要组成部分,对微生物的生长有重要的影响。有时,在垃圾中会添加一些污泥进行混合堆肥,就是利用污泥中丰富的 P 来调整堆肥原料 C/P 比的。一般要求堆肥原料的 C/P 比为 75～150。

7.2.7　pH

pH 是微生物生长的一个重要环境条件,一般微生物最适宜的 pH 是中性或弱碱性。pH 是一个可以对微生物环境进行估价的参数,在整个堆肥过程中,pH 随时间和温度的变化而变化。在堆肥初始阶段,由于有机酸的生成,pH 可下降至 5～6,而后又开始上升,发酵完成前可达 8.5～9.0,最终成品达到 7.0～8.0。一般来说,pH 为 7.5～8.5,可获得最佳的堆肥效果。

7.2.8　堆料粒径

合适的堆料粒径是堆肥顺利进行的重要条件。堆料粒径如果过大,堆料的比表面积太小,堆料的分解较慢,延缓堆肥的进程;堆料粒径过小,会增加通风的困难,容易产生厌氧环境,同样延缓堆肥的进程。因而正常堆肥时,堆料粒径需要满足一定的要求,一般情况下,堆料粒径控制在 2～60 cm。

7.3　堆肥工艺流程

传统的堆肥化技术采用厌氧野外堆肥法,这种方法占地面积大、时间长。现代化的堆肥生产一般采用好氧堆肥工艺,它通常由前(预)处理、主发酵(亦称一级发酵或初级发酵)、后发酵(亦称二级发酵或次级发酵)、后处理、脱臭、贮存等工序组成。

7.3.1　前处理

前处理往往包括分选、破碎、筛分、混合等预处理工序,主要是去除大块和非堆肥化物料,如石块、金属物等。这些物质的存在会影响堆肥处理机械的正常运行,并降低发酵仓的有效容积,使堆肥温度不易达到无害化的要求,从而影响堆肥产品的质量。此外,前处理还应包括养分和水分的调节,如添加 N,P 以调节 C/N 比和 C/P 比。前处理时应注意:

(1)在调节堆肥物料颗粒度时,颗粒不能太小,否则会影响通气性,一般适宜的粒径范围为 2~60 mm。最佳粒径随垃圾物理特性的变化而变化,如果堆肥物质坚固,不易挤压,则粒径应小些;否则,粒径应大些。

(2)用含水率较高的固体废物(如污水污泥、人畜粪便等)为主要原料时,前处理的主要任务是调整水分和 C/N 比,有时需要添加菌种和酶制剂,以便发酵过程正常进行。

7.3.2　主发酵

主发酵主要在发酵仓内进行,也可露天堆积,靠强制通风或翻堆搅拌来供给 O_2。堆肥时,由于原料和土壤中存在微生物的作用开始发酵。首先是易分解的物质分解,产生 CO_2 和水,同时产生热量,使堆温上升。微生物吸收有机物的 C,N 等营养成分,在细菌自身繁殖的同时,将细胞中吸收的物质分解而产生热量。

发酵初期物质的分解作用是靠中温菌(也称嗜温菌)进行的。随着堆温的升高,最适温度为 45~60 ℃ 的高温菌(也称嗜热菌)代替了中温菌,在 60~70 ℃ 或更高温度下能进行高效率的分解(高温分解比低温分解快得多)。接着进入降温阶段,通常将温度升高到开始降低的阶段称为主发酵期。以生活垃圾和家禽粪便为主体的好氧堆肥,主发酵期为 4~12 d。

7.3.3　后发酵

后发酵是将主发酵工序尚未分解的易分解有机物和较难分解的有机物进一步分解,使之变成腐殖酸、氨基酸等比较稳定的有机物,得到完全腐熟的堆肥制品。后发酵可在封闭的反应器内进行,但在敞开的场地、料仓内进行较多。此时,通常采用条堆或静态堆肥的方式,物料堆积高度一般为 1~2 m。有时还需要翻堆或通气,但通常每周进行一次翻堆。后发酵时间的长短取决于堆肥的使用情况,通常为 20~30 d。

7.3.4　后处理

经过后发酵的物料,几乎所有的有机物都被稳定化和减量化。但在前处理工序中还没有完全去除的塑料、玻璃、金属、小石块等杂物还要经过一道分选工序去除,可以用回转式振动筛、磁选机、风选机等预处理设备分离去除上述杂质,并根据需要进行再破碎(如生产精肥);也可根据土壤的情况,在散装堆肥中加入 N,P,K 等添加剂后生产复合肥。

7.3.5　脱　臭

在堆肥工艺过程中,因微生物的分解会有臭味产生,故必须进行脱臭。常见的产生臭味的物质有氨、硫化氢、甲基硫醇、胺类等。去除臭气的方法主要有化学除臭剂除臭,碱水和水溶液过滤,熟堆肥或活性炭、沸石等吸附剂吸附法等,其中,经济而实用的方法是熟堆肥吸附的生物除臭法。

7.3.6 贮存

堆肥一般在春、秋两季使用,在夏、冬两季就需贮存,所以一般的堆肥化工厂有必要设置至少能容纳 6 个月产量的贮存设备。贮存方式采用直接堆存在发酵池中或装袋,要求干燥透气,闭气和受潮会影响堆肥产品的质量。

7.4 常见堆肥装置设备及运行管理

堆肥装置种类繁多,主要差别在于搅拌发酵物料的翻堆机不同和发酵装置的结构不同。下面介绍在垃圾、污泥、畜禽粪便等堆肥中最常见的堆肥装置设备。

7.4.1 条垛式堆肥系统

物料通常均堆制成条垛式,依据堆料供氧方式不同,条垛式堆肥系统又分为搅拌式或翻堆式堆肥系统和固定堆强制通风堆肥系统。条垛式堆肥系统常见于较大型城市生活垃圾堆肥场、污泥堆肥场等。

搅拌式堆肥的主要特点是采用定期翻堆,使物料均匀,并提供充足 O_2,有时还辅助以强制通气(常采用抽气方式进行),如图 1-7-3 所示。翻堆作业通常采用翻堆机进行。

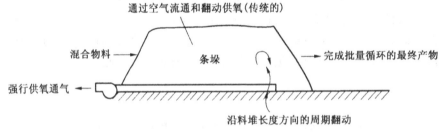

图 1-7-3 搅拌式堆肥系统

常见的翻堆机有条垛式翻堆机,它可在驾驶行进过程中对条垛堆肥翻堆,通过旋转桨状、棒状装置对堆肥翻动,达到搅匀、通气的目的。同时机械在行进过程中,堆肥物料自然形成梯形断面,主要用于一些大规模堆肥场。

固定堆强制通风堆肥法则是利用鼓风机或空气压缩机强行鼓风(图 1-7-4)或抽风方式供氧。鼓风或抽风可用定时器或在肥堆内安置的温度或 O_2 浓度自动反馈装置来间断性进行。自然通风堆肥腐熟时间通常较长,而固定堆强制通风堆肥法则比较快,在 3～5 周内能完成整个堆肥周期。

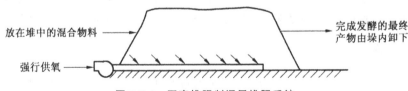

图 1-7-4 固定堆强制通风堆肥系统

强制通风堆肥系统需要在地面下设置通风沟,在通风沟内埋设通风管(通风管上开有许多通风用的小孔),通风管一端封闭,一端与风机相连。

开放的条垛式堆肥系统的特点是基建投资少,工艺简单,操作简便易行,处理容量大;缺点是敞开式堆肥,在冬季低温条件下,肥堆不易升温和保温,通常占地较大,堆肥时间比发酵仓式堆肥要长,臭味控制相对较难。

7.4.2 槽式堆肥系统

对于畜禽粪便堆肥,较多采用槽式堆肥方法。发酵槽的宽度为 2.0～6.0 m,深度为 0.3～2.0 m,长度为 20～60 m。这种堆肥方式的一次发酵时间一般为 15～25 d,然后将完成一次发酵的堆肥送入二次发酵场地进行后熟发酵。发酵槽上方常设置密封的塑料大棚,以防臭气外逸,并加上抽气装置,抽出的气体多数采用人工土壤除臭法处理。

槽式堆肥常见的翻堆机多数为铲式或旋转式翻堆机。铲式翻堆机的工作原理如图 1-7-5 所示。将一些三角形挡板均匀地固定在两根链条上面,这些挡板在随链条转动过程中将前面的材料搅动并将其带至上方,然后从传动装置的上方落下(前进方向的后方),这样每搅拌一次就将原料向出口(前进方向的反方向)搬运一定的距离。

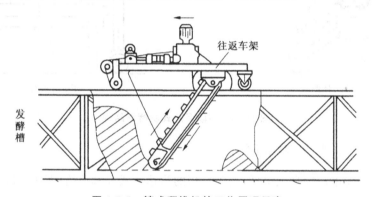

图 1-7-5 铲式翻堆机的工作原理示意

旋转式翻堆机的主要部件是一个装有许多搅拌棒的旋转轴。翻堆机在沿着发酵槽侧壁上的轨道运行的过程中,通过旋转轴的转动来带动翻堆棒对堆肥材料进行翻堆,同时将材料向后方拨动一定的距离(前进方向的相反方向)。由于这种翻堆是通过翻堆棒来实现的,翻堆时遇到的阻力较大,因此只适用于发酵槽深度在 80 cm 以下的堆肥设施,翻堆机宽度一般与发酵槽宽度相同。一次翻堆结束后也将旋转轴升起并返回到出发点。

7.4.3 立式堆肥发酵塔

立式堆肥发酵塔也称多段竖炉式发酵塔,通常由 5～8 层组成,堆肥物料由塔顶进入塔内,塔内堆肥物料在各层堆积发酵,并通过不同形式的机械运动和重力作用,从塔顶一层层地向塔底移动。一般经过 5～8 d 的好氧发酵,堆肥物料即从塔顶移动至塔底而完成一次发酵。立式堆肥发酵塔通常为密闭结构,塔内温度分布从上层到下层逐渐升高,塔式装置的供氧通常以风机强制通风。图 1-7-6 所示为多段竖炉式发酵塔的立体图与剖面图。

从塔顶加入的物料,在最上层靠内拨旋转搅拌耙的作用,边搅拌翻料边向中心移动从中央落下口下落到第二层;在第二层的物料则靠外拨旋转搅拌耙的作用从中心向外移动,从周边落下口下落到第三层,如此类推,即单数层内拨自中央落下口下落,双数层外拨自周边落下口下落。第二、三层为中温阶段,嗜温菌起主要作用;第四、五层后已进入高温发酵阶段,嗜热菌起主要作用。

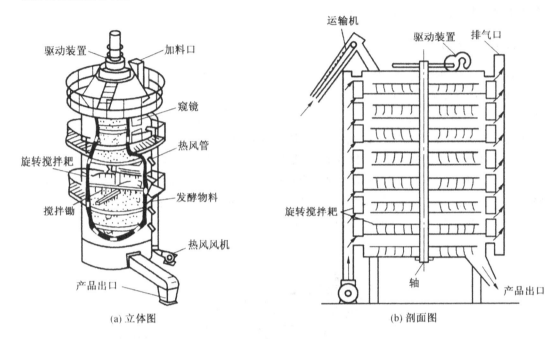

(a) 立体图   (b) 剖面图

图 1-7-6 多段竖炉式发酵塔结构

7.4.4 卧式(水平)发酵滚筒

卧式(水平)发酵滚筒形式多样,最为典型的为达诺式发酵滚筒(图 1-7-7)。其主要优点是结构简单,可采用较大粒度的物料,使预处理设备简单化。

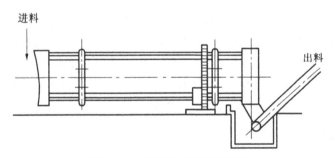

图 1-7-7 达诺式发酵滚筒示意

发酵滚筒在水平方向上倾斜放置,直径为 2.5~4.5 m,长度为 20~40 m,强制供气。在该装置中,废物靠与筒体内表面的摩擦沿旋转方向提升(转速为 0.2~3 r/min),同时借助自身重力落下。通过如此反复升落,废物被均匀地翻倒,同时与供入的空气接触,并通过微生物的作用进行发酵,经 1~5 d 发酵后排出,条垛放置熟化。

7.4.5　筒仓式堆肥发酵仓

筒仓式堆肥发酵仓为单层圆筒状,发酵仓深度一般为 4～5 m,大多由钢筋混凝土组成(图 1-7-8)。发酵仓内供氧均采用高压离心风机强制供气,以维持仓内堆肥好氧发酵。空气从仓底进入发酵仓,堆肥原料由仓顶加入,经过 6～12 d 的好氧发酵,初步腐熟的堆肥从仓底通过螺杆出料机出料。

此外,还有螺旋搅拌式发酵仓,是动态筒仓式堆肥发酵仓的一种形式。筒仓式堆肥系统的优点是不受气候影响,能有效控制二次污染,发酵时间快,占地面积少;缺点是基建投资大,运行成本较高,批量生产量相对较小。

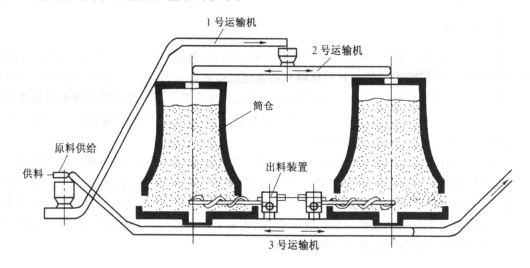

图 1-7-8　筒仓式堆肥发酵仓

【任务实施】

垃圾堆肥厂经常遇到外宾参观,需要有人对主要工艺及堆肥厂运行管理做一些介绍,请你为这些外宾介绍堆肥工艺流程、堆肥工艺影响因素及堆肥腐熟度判定。

【考核与评价】

考查学生能否根据垃圾堆肥工艺,熟练介绍堆肥工艺流程、堆肥工艺影响因素及堆肥腐熟度判定。

(1)堆肥工艺流程的理解、堆肥工艺影响因素理解及堆肥腐熟度判定。

(2)介绍熟练程度、专业术语表达准确性及语言表达流畅。

【讨论与拓展】

各小组就堆肥工艺流程介绍如何表达更完整、更清晰,介绍时应该注意哪些问题进行讨论。

任务 8　介绍生活垃圾填埋场运行管理要点（选学）

【任务描述】

某校现有"固体废物处理与处置"课程实习,要到龙岩新东阳环保净化有限公司的生活垃圾填埋厂参观实习,现该公司派你作为主要负责人介绍该生活垃圾填埋厂运行管理要点,主要包括如何组织,如何介绍生活垃圾填埋工艺流程、二次污染及其控制等内容。

【知识点】

固体废物不论采用何种减量化和资源化处理方法,如焚烧、热解、堆肥等处理后,剩余的无再利用价值的残渣,为了防止其对环境和人类健康造成危害,需要给这些废物提供一条最终出路,即解决固体废物的最终归宿问题,必须进行最终处置。为防止固体废物对环境造成污染,根据排放的不同环境条件,采取适当而必要的防护措施,达到被处置废物与环境生态系统最大限度的隔绝,称为"最终处置"。

处置与处理有着区别,处理指通过物理、化学、生物以及生物化学、物理化学等方法将已产生的固体废物转化成便于运输、贮存、利用和处置的形式,达到减量化、资源化和无害化的目的,包括各种预处理和处理技术,因此固体废物处理可以看成是固体废物资源化利用和无害化处置的前处理过程。最终处置简称处置,指利用工程措施将固体废物最终置于符合环境保护要求的场所或设施内并不再回取的活动。

8.1　固体废物最终处置概述

固体废物最终处置是为了使固体废物最大限度地与生物圈隔离而采取的措施,它解决了固体废物的最终归宿问题。其目标是确保废物中的有毒有害物质,无论现在还是将来都不会对人类及环境造成危害。

固体废物最终处置的基本方法是通过多重屏障(如天然屏障和人工屏障)实现有害物质同生物圈的有效隔离。目前对废物的最终处置主要采用陆地处置方法,以前曾采用过的海洋处置法(海洋倾倒和海上焚烧)现已被国际公约所禁止。根据废物种类的不同,采用的陆地处置方法有土地耕作、土地填埋(又分卫生填埋和安全填埋)、浅地层埋藏、深井灌注等。

本节主要介绍目前广泛采用的卫生填埋方法。

8.2　卫生填埋

卫生填埋(sanitary landfill)通常是用来处置一般固体废物(主要是生活垃圾)的一种土地填埋方法,它是利用工程手段,采取有效措施,防止渗滤液及有害气体对水体和大气的污染,并将废物压实减容至最小,填埋占地面积也最小,在每天操作结束或每隔一定时间用土覆盖,使整个过程对公共卫生安全及环境污染均无危害的一种土地处理废物的方法。根据我国《城市生活垃圾卫生填埋技术规范》(CJJ 17—2001)的定义,卫生填埋是采取防渗、铺平、压实、覆盖对城市生活垃圾进行处理和对气体渗滤液、蝇虫进行治疗的垃圾处理方法。

8.2.1　填埋场的选址需求

场址的选择主要遵循两个原则:一是从防止污染角度考虑的安全原则;二是从经济角度考虑的经济合理原则。填埋场选址是一个十分重要且复杂的过程,需要认真对待,一般要求:

(1)场址选择应服从总体规划

(2)场址应满足一定的库容量要求。一般填埋合理使用年限不少于 10 a。

填埋场服务年限中拟填埋的废物总量与使用的覆土量之和即为计划填埋量。对城市固体废物而言,填埋量既受填埋场库容条件和具体设施容量的制约,也受因城市经济发展和居民生活水平提高而造成城市固体废物成分变化的影响。通常计划填埋量是填埋场的理论容量,比实际填埋量要大 10% 以上。

填埋场的理论容量可根据加和各个填埋层体积(每个填埋层的平均面积与该填埋层高度之积)进行估算。填埋场的总填埋容量(V_t,单位 m³)可按填埋场服务区域的预测人口(P)、人均每天废物产生量(m,单位 kg)和填满年限(t,单位 a)之积除以废物最终压实密度(ρ,单位 kg/m³)再加上覆土量(V_s,单位 m³)来计算确定,即

$$V_t = 365 \times \frac{mPt}{\rho} + V_s$$

通常我国人均每天城市固体废物产量可按 $0.8 \sim 1.2$ kg/(人·d)考虑。

[例 1-8-1]一个有 100 000 人口的城市,平均每人每天产生垃圾 2.0 kg,如果采用卫生填埋处置,覆土与垃圾体积之比为 1:4,填埋后废物压实密度为 600 kg/m³,试求 1a 填埋废物的体积。如果填埋高度为 7.5 m,一个服务期为 20 a 的填埋场占地面积应为多少?总容量应为多大?

解:1 a 填埋废物的体积为

$$V_1 = \frac{365 \times 2.0 \times 100\ 000}{600} + \frac{365 \times 2.0 \times 100\ 000}{600 \times 4} = 152\ 083\ \text{m}^3$$

如果不考虑该城市废物产生量随时间的变化,则运营 20 年所需库容为

$$V_{20} = 20 \times V_1 = 20 \times 152\ 083 \approx 3.0 \times 10^6\ \text{m}^3$$

如果填埋高度为 7.5 m,则填埋场面积为

$$A_{20} = \frac{3.0 \times 10^6}{7.5} = 4 \times 10^5\ \text{m}^2$$

(3)土壤抗渗透性好,易压实,可开采量大;地形条件对填埋方式起决定性作用,又制约采土方法,要求有一定坡度,泄水能力强,渗滤液易收集。

(4)填埋场选址应处于居民区下风向,防止尘土、气味等对居民区环境的影响。高寒地区冬季土壤封冻影响采土作业,应避开高寒区,避免冻土,避免设在风口,减轻废物飞扬。

(5)对地表水域的保护。所选场地必须在 100 a 一遇的地表水域的洪水标高泛滥区之外,或历史最大洪泛区之外。场地的自然条件应有利于地表水排泄,避开滨海带和洪积平原。最佳的场址是在封闭的流域内,这对地下水资源造成危害的风险最小。填埋场不应设在专用水源蓄水层与地下水补给区、洪泛区、淤泥区、距居民居住区或人畜供水点 500 m 以内的地区。填埋场场址离开河岸、湖泊、沼泽的距离宜大于 1 000 m,与河流相距至少

600 m。

（6）对居民区的影响。场地至少应位于居民区 500 m 以外或更远，并位于居民区的下风向，作业期间的噪声应符合居民区的噪声标准。

（7）对场地地质条件的要求。场址应选在渗透性弱的松散岩石或坚硬岩层的基础上，天然地层的渗透性系数最好能达到 1×10^{-8} cm/s 以下，并具有一定厚度。

（8）场址应交通方便、运距合理。场址交通应方便，具有能在各种气候条件下运输的全天候公路，宽度合适，承载力适宜，尽可能避免交通堵塞。垃圾填埋处理费用中 $60\% \sim 90\%$ 为垃圾清运费，因此尽量缩短清运距离，对降低垃圾处理费的作用是明显的。

8.2.2　卫生填埋场的结构与填埋作业

1. 卫生填埋场的结构

从外形上看，一般可以将卫生填埋场的形式分为 4 类，如图 1-8-1 所示。

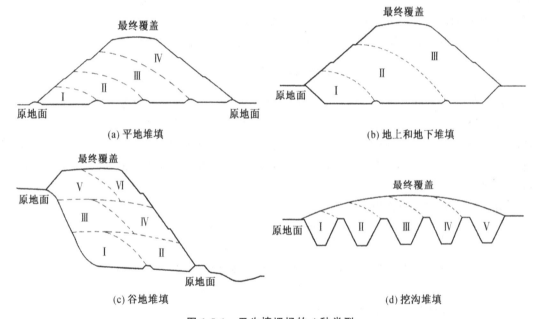

图 1-8-1　卫生填埋场的 4 种类型

（1）平地堆填。填埋过程只有很小的开挖或不开挖，直接在平地上堆积，通常适用于比较平坦且地下水埋藏较浅的地区。

（2）地上和地下堆填。适用于比较平坦但地下水埋藏较深的地区，填埋单元通常较大。

（3）挖沟填埋。在地下挖沟堆填，但其填埋单元是狭窄且平行的，通常仅用于较小的废物沟，也称为沟槽法填埋。

（4）谷地堆填或斜坡堆填。填埋的地区位于山谷或斜坡上。

现代卫生填埋场的主体部位构造如图 1-8-2 所示，主要包括衬垫系统、固体废物层、渗（淋）滤液收集系统、气体收集系统和最终覆盖或封场系统。

2. 填埋工艺

生活垃圾卫生填埋的实施过程是：每天把运到土地填埋场的废物在限定的区域内铺撒

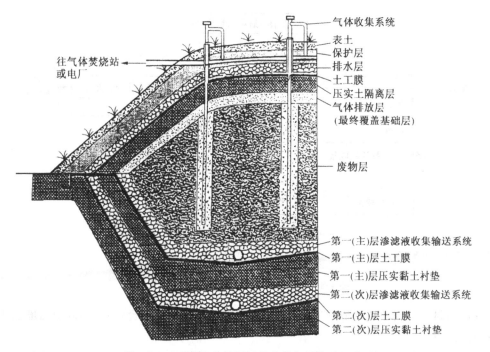

图 1-8-2　现代卫生填埋场的主体部位构造示意

成 40～75 cm 的薄层,然后压实以减少废物的体积,并在每天操作之后用一层厚 15～30 cm 的土壤覆盖、压实。废物层和土壤覆盖层共同组成一个单元,即填筑单元。具有同样高度的一系列相互衔接的填筑单元组成一个升层。完成的卫生填埋场是由一个或多个升层组成的。当土地填埋达到最终的设计高度之后,再在该填埋层上覆盖一层厚 90～120 cm 的土壤,并压实,这时候就得到一个完整的卫生填埋场,其构造如图 1-8-3 所示。

垃圾填埋场工艺总体上服从"三化"(即减量化、无害化、资源化)要求。垃圾由陆运进入填埋场,经地衡称重计量,再按规定的速度、线路运至填埋作业单元,在管理人员指挥下,进行卸料、推铺、压实并覆盖,最终完成填埋作业,其中推铺由推土机操作,压实由垃圾压实器完成。每天作业完成后,应及时进行覆盖操作,填埋场单元操作结束后及时进行终场覆盖,以利于填埋场地的生态恢复和终场利用。此外,根据填埋场的具体情况,有时还需要对垃圾进行破碎和喷洒药液,其典型工艺流程如图 1-8-4 所示。

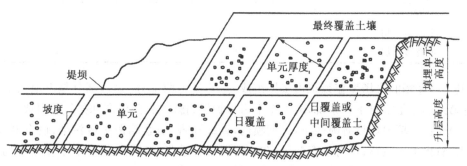

图 1-8-3　卫生填埋场剖面

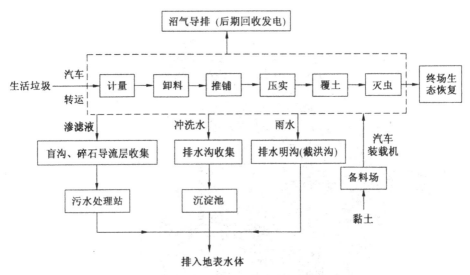

图 1-8-4　生活垃圾卫生填埋典型工艺流程

(1)卸料。采用填坑法卸料时,往往设置过渡平台和卸料平台;而采用倾斜面堆积法时,则可直接卸料。

(2)推铺。推铺由推土机完成,一般每次垃圾推铺厚度达到 30～60 cm 时,进行压实。

(3)压实。压实是填埋场填埋作业中的一道重要工序,填埋垃圾的压实能有效地增加填埋的容量;能增加填埋场强度;能减少垃圾孔隙率,有利于形成厌氧环境,减少渗入垃圾层中的降水量及蝇、蛆的滋生,也有利于填埋机械在垃圾层上的移动。

垃圾压实的机械主要为压实器和推土机。在填埋场建设初期,国内较多填埋场用推土机代替专用压实器,压实密度较小。为得到较大的压实密度,国内垃圾填埋场也正在逐步采用垃圾压实器和推土机相结合来实施压实工艺。卫生填埋宜采用分层压实,压实密度应大于 600 kg/m³。

(4)覆土。垃圾压实后,每日除了要用一层土或其他覆盖材料覆盖外,还要进行中间覆盖和最终覆盖。日覆盖、中间覆盖和最终覆盖的时间和厚度见表 1-8-1。

表 1-8-1　覆盖层参数层

填埋层	各层最小厚度/cm	填埋时间/d
日覆盖层	15	0～7
中间覆盖层	30	7～365
最终覆盖层	60	>365

卫生填埋场的终场覆盖系统由多层组成,主要分为两部分:第一部分是土地恢复层,即表层;第二部分是密封工程系统,从上至下由保护层、排水层、防渗层和排气层组成。

(5)灭虫。填埋场设有喷药车,定期喷药,灭蝇除害,防止病菌扩散污染;设有洒水车定期洒水,防止尘土飞扬;设有洗车装置,防止污泥污染道路,控制扬尘,防止病菌带出场外;填埋场周边布置围网,防止轻质垃圾被风吹至场外,引起污染。

3. 填埋作业

填埋作业是指废物在填埋场被推铺、压实的过程。每一个作业期(通常是1d)组成一个填埋单元或隔室,它是按单位时间或单位作业区域划分的垃圾和覆盖材料组成的填埋体(图1-8-5)。通常是每天把收集和运输车辆运来的废物按45~60 cm厚度为一层放置,然后压实,一个单元的高度通常为2~3 m。工作面的长度随填埋场条件和作业尺度的大小不同而变化,单元的宽度一般为3~9 m。每天操作之后用15~30 cm厚度的天然土壤或其他可供使用的材料覆盖和压实。该废物层和覆盖层(也称为日落盖层)即组成一个填埋单元。

一个或者几个填埋单元完工之后,要在完工表面上挖水平气体收集沟渠,沟渠内放砾石,中间铺设打了孔的塑料管。随着填埋场气体的产生,通过此管将其抽排掉。单元层一层叠在另一层之上,直到达到设计高度。最后再在该填埋层之上覆盖一层90~120 cm的土层,压实后就得到一个完整的卫生填埋场。

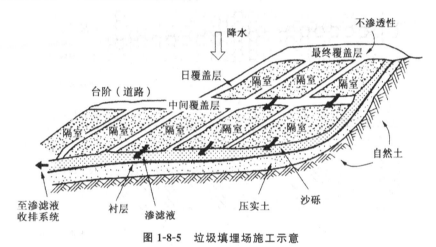

图1-8-5　垃圾填埋场施工示意

8.2.3　卫生填埋场的场地处理及防渗设计

卫生填埋场衬垫系统是垃圾填埋场最重要的组成部分,通过在填埋场底部和周边铺设低渗透性材料,建立衬垫系统,以阻隔填埋场气体和渗滤液进入周围的土壤和水体产生污染,并防止地下水和地表水进入填埋场,有效控制渗滤液产生量。

1. 场地处理

为避免填埋场库区地基在垃圾堆积后产生不均匀沉降,保护复合防渗层中的防渗膜,在铺设防渗膜前必须对场底、山坡等区域进行处理,包括场地平整和石块等坚硬物体的清除等。

平整场地和异物消除时配合场底渗滤液收集系统的布设,使场底形成相对整体坡度;边坡坡度一般取1:3,局部陡坡应小于1:2。同时,还要求对场底进行压实,压实度不小于93%。

2. 防渗系统

(1)构成。填埋场主要是通过在填埋场的底部和周边建立衬垫系统来达到密封目的。填埋场的衬垫系统通常从上至下包括过滤层、排水层(包括渗滤液收集系统)、保护层、防渗层等。防渗层的主要材料有天然黏土矿物(如改性黏土、膨润土)、人工合成材料[如柔性膜高密度聚乙烯(high density polyethylene,HDPE)、天然与有机复合材料[如聚合物水泥混凝土(polymer cement concrete,PCC)]等。

(2)类型与铺设要求。填埋场防渗系统分为天然防渗系统(黏土垫层)和人工防渗系统。人工防渗是指采用人工合成有机材料(柔性膜)与黏土结合作为防渗衬里的防渗方法,目前现代卫生填埋场多数采用人工防渗系统。人工防渗系统按衬里结构的不同又分为单层衬里防渗系统、复合衬里防渗系统和双层衬里防渗系统。

1)单层衬里防渗系统。位于地下水贫乏地区的防渗系统可采用单层衬里防渗系统。此种防渗系统只有一层防渗层,其上是渗滤液收集系统和保护层,必要时其下有一个地下水导流层和一个保护层(图 1-8-6)。基础和地下水导流层的厚度应大于 30 cm;膜下保护层的黏土厚度应大于 100 cm,渗透系数不应大于 1.0×10^{-5} cm/s;HDPE 土工膜的厚度不应小于 1.5 mm;渗滤液导流层厚度应大于 30 cm。

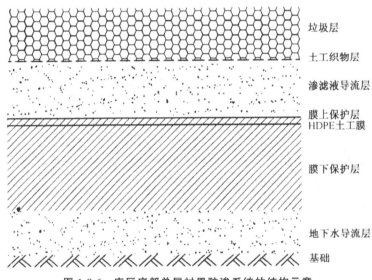

垃圾层
土工织物层
渗滤液导流层
膜上保护层
HDPE土工膜
膜下保护层
地下水导流层
基础

图 1-8-6　库区底部单层衬里防渗系统的结构示意

2)复合衬里防渗系统。人工合成衬里的防渗系统应采用复合衬里防渗系统,即由两种防渗材料相贴而形成的防渗衬里。两种防渗材料相互紧密排列,提供综合效力。比较典型的复合结构是上层为柔性膜,其下为渗透性低的黏土矿物层。与单层衬里防渗系统相似,复合衬里防渗系统的上方为浸出液收集系统,下方为地下水收集系统。

库区底部复合衬里防渗系统必须按图 1-8-7 所示的结构进行铺设。基础和地下水导流层的厚度应大于 30 cm;膜下保护层的黏土厚度应大于 100 cm,渗透系数不应大于 1.0×10^{-7} cm/s;HDPE 土工膜的厚度不应小于 1.5 mm;渗滤液导流层的厚度应大于或等于 30 cm。

3)双层衬里防渗系统。特殊地质和环境要求非常高的地区,库区底部应采用双层衬里防渗系统。此种防渗系统有两层防渗层,两层之间是排水层,以控制和收集防渗层之间的液体或气体。衬层上方为渗滤液收集系统,下方可有地下水收集系统。透过上部防渗层的渗滤液或者气体受到下部防渗层的阻挡而在中间的排水层中得到控制和收集。

库区底部双层衬里防渗系统必须按图 1-8-8 所示的结构进行铺设。

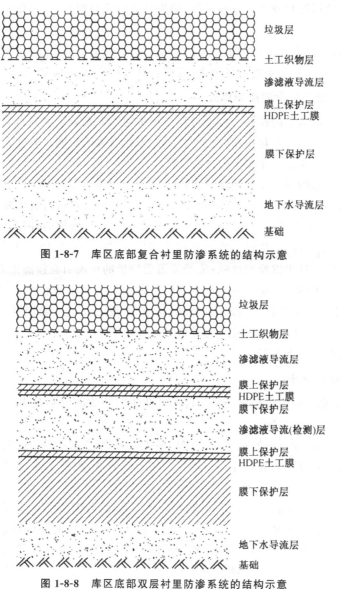

图 1-8-7　库区底部复合衬里防渗系统的结构示意

图 1-8-8　库区底部双层衬里防渗系统的结构示意

基础和地下水导流层的厚度应大于 30 cm;膜下保护层的黏土厚度应大于 100 cm,渗透系数不应大于 1.0×10^{-5} cm/s;HDPE 土工膜的厚度不应小于 1.5 mm;渗滤液导流(检测)层的厚度应大于 30 cm;渗滤液导流层的厚度应大于 30 cm。

8.2.4　卫生填埋场渗滤液处理技术

1. 渗滤液的来源与性质

垃圾渗滤液是指垃圾在填埋和堆放过程中由于垃圾中有机物质分解产生的水和垃圾中的游离水、降水以及入渗的地下水,通过淋溶作用而形成的污水。

垃圾渗滤液产生的来源主要有降水入渗、外部地表水入渗、地下水入渗、垃圾自身的水分、覆盖材料中的水分、有机物分解生成水等。填埋场渗滤液的产生量通常受该区域降水及气候状况、场地地形地貌及水文地质条件、填埋垃圾性质与组分、填埋场构造、操作条件等因素的影响。

渗滤液的特点是有机污染物浓度高,氨氮含量较高,色度较高,金属离子含量较高。渗滤液是一种成分复杂的高浓度有机废水,需要合理处理,否则污染严重。

2. 垃圾渗滤液产生量的控制措施

(1)入场垃圾含水率的控制。垃圾填埋过程中随填埋垃圾带入的水分,相当部分会在垃圾压实过程中渗滤出来,其量在渗滤液产生量中占相当大的比例。为此,必须控制入场填埋垃圾的含水量,一般要求小于 30%(质量分数)。

(2)控制地表水的渗入量。消除或者减少地表水的渗入是填埋场设计中最为重要的方面,包括对降雨、降雪、地表径流、间歇河、上升泉等所有地表水进行有效控制,以减少填埋场渗滤液的产生量。主要可采取的措施有:间歇暴露地区产生的临时性侵蚀和淤塞的控制;最终覆盖区域采取土壤加固、植被整修边坡等控制侵蚀;加设衬层,以防止在暴雨期间大流量的冲刷;建缓冲池以减少洪峰的影响;流经未覆盖垃圾的径流引至渗滤液处理与处置系统。

(3)控制地下水的渗入量。对地下水进行管理的目的在于防止地下水进入填埋区与废物接触。其主要方法是控制浅层地下水的横向流动,使之不进入填埋区。成功的地下水管理可以减少渗滤液的产生量,还可以为改善场区操作创造条件。主要方法有设隔离层、设置地下水排水管、抽取地下水等。

3. 渗滤液收集系统

渗滤液收集系统的主要功能是将填埋库区产生的渗滤液收集起来,并通过调节池输送至渗滤液处理系统进行处理。

渗滤液收集系统通常由导流层、收集沟、多孔收集管、集水池、提升多孔管、潜水泵、调节池等组成,如果多孔收集管直接穿过垃圾主坝接入调节池,则集水池、提升多孔管和潜水泵可省略。

(1)导流层。为了防止渗滤液在填埋库区场底积蓄,填埋场底应形成一系列坡度的阶梯,填埋场底的轮廓边界必须能使重力水流始终流向垃圾主坝前的最低点。导流层的目的就是将全场的渗滤液顺利地导入收集沟内的渗滤液收集管内(包括主管和支管)。

导流层工程建设之前,需要对填埋库区范围内进行场底清理。导流层铺设的范围内将植被清除,并按照设计好的纵横坡度进行平整,根据《城市生活垃圾卫生填埋处理工程项目建设标准》的要求,渗滤液在垂直方向上进入导流层的最小底面坡降应不小于 2%,以利于渗滤液的排放和防止在水平衬垫层上的积蓄。场底清基时,因为对表面土地扰动而需要对场地进行机械或人工压实,特别是已经开挖了渗滤液收集沟的位置,通常要求压实度要达到85% 以上。导流层铺设在经过清理后的场基上,厚度应不小于 300 mm,由粒径 40～60 mm的卵石铺设而成,在卵石来源困难的地区,可考虑用碎石代替,但碎石因表面较粗糙,易使渗滤液中的细颗粒物沉积下来,长时间情况下有可能堵塞碎石之间的空隙,对渗滤液的下渗有不利影响。

(2)收集沟和多孔收集管。收集沟设置在导流层的最低标高处,并贯穿整个场底,断面通常采用等腰梯形或菱形,铺设于场底中轴线上的为主沟,在主沟上按一定间距(30～50 m)设置支沟,支沟与主沟的夹角宜采用 15° 的整数倍(通常采用 60°),以利于将来渗滤液收集管的弯头加工与安装。同时,在设计时应当尽量把多孔收集管道设置成直管段,中间不要出现反弯折点。收集沟中填充卵石或碎石,粒径按照上大下小形成反滤,一般上部卵石粒径采用 40～60 mm,下部采用 25～40 mm。

(3)集水池及提升多孔管。渗滤液集水池位于垃圾主坝前的最低洼处,以砾石堆填支撑上覆废弃物、覆盖封场系统等荷载,全场的垃圾渗滤液汇集到此并通过提升多孔管越过垃圾主坝进入调节池。集水池内填充砾石的孔隙率为 30%～40%。

(4)调节池。渗滤液收集系统的最后一个环节是调节池,主要作用是对渗滤液进行水质和水量的调节,平衡丰水期和枯水期的差异,为渗滤液处理系统提供恒定的水量,同时可对渗滤液水质起到预处理的作用。依据填埋库区所在地的地质情况(当采用渗滤液重力自流入调节池时,还需考虑渗滤液穿坝管的标高影响),调节池通常采用地下式或半地下式,调节池的池底和内壁通常采用高密度聚乙烯膜进行防渗,膜上采用预制混凝土板保护。

(5)清污分流。实行清污分流是将进入填埋场未经污染或轻微污染的地表水或地下水与垃圾渗滤液分别导出场外,从而减少污水量,降低处理费用。

控制地表径流就是进入填埋场之前把地表水引走,并防止场外地表水进入填埋区。一般情况下,控制地表径流主要是指排除雨水的措施。对于不同地形的填埋场,其排水系统也有差异。滩涂填埋场往往利用终场覆盖层造坡,将雨水导排进入填埋区四周雨水明沟;山谷型填埋场往往利用截洪沟和坡面排水沟将雨水排出。雨水导排沟一般采用浆砌块石或混凝土矩形沟。此外,地下水的导排主要依靠在水平衬垫层下设置导流层。

4. 渗滤液的处理方法

渗滤液的处理方法和工艺取决于其数量和特性,而渗滤液的特性决定于所埋废物的性质和填埋场使用的年限。生活垃圾填埋场渗滤液处理的基本方法包括渗滤液循环、渗滤液蒸发、渗滤液处理、排往城市废水处理系统等。

(1)渗滤液循环。指收集渗滤液后再回灌到填埋场。在填埋场的初级阶段,渗滤液中包含有相当量的总溶解固体(total dissolved solids,TDS)、生物耗氧量(biological oxygen demand,BOD)、化学需氧量(chemical oxygen demand,COD)、N 和重金属。通过循环,这些组分在填埋场内发生生物作用和其他物理化学反应而被稀释。为了防止渗滤液循环造成填埋场气体无控释放,填埋场内要安装气体回收系统,最终,必须收集、处理和处置剩余的渗滤液。

(2)渗滤液蒸发。渗滤液管理系统的最简单方法是蒸发,修建一个底部密封了的渗滤液容纳池,让渗滤液蒸发掉。剩余的渗滤液喷洒在完工的填埋场上。

(3)渗滤液处理。当未使用渗滤液循环或者蒸发法,而又不可能排往污水处理厂时,就需要加以一定的预处理或者完全处理。由于渗滤液成分变化很大,因此有多种处理方法。主要的生物、物理和化学处理方法列于表 1-8-2 中,采用何种处理过程主要取决于要除去的污染物的范围和程度。

(4)排往城市废水处理系统。当填埋场建造在污水收集系统附近,或者可以将渗滤液收集系统连通城市污水收集系统时,通常是将其排往污水处理系统中。一般情况下,渗滤液在排往该收集系统之前要进行预处理,以减少所含有机成分的含量。

表 1-8-2　用于渗滤液处理的生物、化学和物理过程及应用说明

处理方法		应　用	说　明
生物方法	活性污泥法	除去有机物	可能需要去泡沫添加剂,需要分离净化剂
	顺序分批反应器法	除去有机物	类似于活性污泥法,但不需要分离净化剂
	曝气稳定塘	除去有机物	需要占用较大的土地面积
	生物膜法	除去有机物	常用于类似于渗滤液的工业废水,其在填埋中的使用还在实践中
	好氧塘/厌氧塘	除去有机物	厌氧法比好氧法低能耗、低污染,需加热,稳定性不如好氧法,时间比好氧法长
	硝化作用/反硝化作用	除去有机物	硝化作用、反硝化作用可以同时完成
化学方法	化学中和法	控制 pH	在渗滤液的处理应用上有限
	化学沉淀法	除去金属和一些离子	产生污泥,可能需要按危险废物进行处置
	化学氧化法	除去有机物,还有一些无机成分	用于稀释废物流效果最好
	湿式氧化法	除去有机物	费用高,对顽固有机物去除效果好,很少单独使用,可以和其他方法合用
物理方法	物理沉淀法/漂浮法	除去悬浮物	仅在三级净化阶段使用
	过滤法	除去悬浮物	高能耗,需要冷凝水,需要进一步处理
	空气提	除去氨和挥发有机物	费用依渗滤液而定
	蒸汽提	除去挥发有机物	仅在三级净化阶段使用
	物理吸附	除去有机物	在渗滤处理上应用有限
	离子交换	除去溶解无机物	
	极端过滤	除去细菌和高分子有机物	高费用,需要广泛的预处理
	反渗滤	稀释无机溶液	形成污泥可能是危险废物,高费用(除非干燥区)
	蒸发	适用于渗滤液不允许排放处	

5. 渗滤液综合管理系统

渗滤液综合管理系统如图 1-8-9 所示。通过固体废物向下运动的流体(渗滤液)在沙层被首先过滤,收集的渗滤液运往处理贮流池(氧化池)中。在贮流池,流体通过通风减少有机成分和控制气味,然后被引进经过破碎的城市生活垃圾中,这种城市生活垃圾可用作堆肥原料,并可用作填埋场的中间覆盖层。在城市生活垃圾被破碎之前,要除去可回收利用的物质和金属。把渗滤液用于城市生活垃圾可以满足优化堆肥对水分的需要,并降低蒸发渗滤液的体积。多余的渗滤液在通过废物和其下的沙层时得到过滤,收集的渗滤液用管道传输到一系列建造的湿地中,这些湿地用于除去渗滤液中的有机物质、N、重金属和痕量有机物。经过建造湿地处理之后的流体再经慢沙层的过滤,则可用于灌溉填埋场的绿色土地。

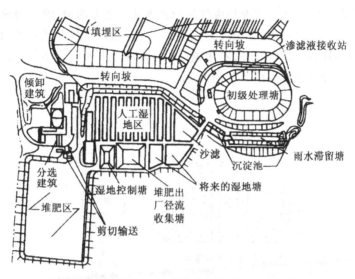

图 1-8-9 采用湿地构造的渗滤液综合管理系统

8.2.5 卫生填埋场气体的收集与利用技术

1. 填埋场气体的组成与性质

垃圾填埋场可以被概化为一个生态系统,其主要输入项为垃圾和水,主要输出项为渗滤液和填埋气体,两者的产生是填埋场内生物、化学和物理过程共同作用的结果。填埋场气体主要是填埋垃圾中可生物降解有机物在微生物作用下的产物,其中主要含有 NH_3,CO_2,CO,H_2,H_2S,CH_4,N_2,O_2 等,此外,还含有很少量的微量气体。填埋气体的典型特征为:温度达 $43 \sim 49$ ℃,相对密度为 $1.02 \sim 1.06$,为水蒸气所饱和,高位热值为 $15\ 630 \sim 19\ 537\ kJ/m^3$。填埋场气体的典型组分及体积分数见表 1-8-3。当然,随着垃圾填埋场的条件、垃圾的特性、压实程度、填埋温度等不同,所产生的填埋气体各组分的含量会有所变化。

表 1-8-3 垃圾填埋场气体的典型组分及体积分数

组　分	体积分数(干基)/%	组　分	体积分数(干基)/%
CH_4	$45 \sim 60$	NH_3	$0.1 \sim 1.0$
CO_2	$40 \sim 60$	H_2	<0.2
N_2	$2 \sim 5$	CO	<0.2
O_2	$0.1 \sim 1.0$	微量气体	$0.01 \sim 0.6$
H_2S	<1.0		

填埋场气体中的主要成分是 CH_4 和 CO_2。CH_4 不仅是影响环境的温室气体,而且是易燃易爆气体。CH_4,CO_2 等在填埋场地面上聚集过量会使人窒息。当 CH_4 在空气中的含量达到 5%～15% 时,会发生爆炸。填埋气体还会影响地下水水质,溶于水中的 CO_2 增加了地下水的硬度和矿物质的成分。

2. 填埋场气体的收集与导排

填埋场气体的收集和导排系统的作用是减少填埋气体向大气的排放量和在地下的横向

迁移,并回收利用 CH_4 气体。填埋场废气的导排方式一般有两种,即主动导排和被动导排。

(1)主动导排。主动导排是在填埋场内铺设一些垂直的导气井或水平的盲沟,用管道将这些导气井和盲沟连接至抽气设备,利用抽气设备对导气井和盲沟抽气,将填埋场内的填埋气体抽出来。主动导排系统如图 1-8-10 所示。

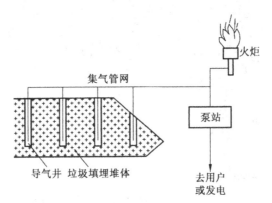

图 1-8-10 填埋场气体主动导排系统示意

主动导排系统主要由导气井、集气管网、冷凝水收集井、泵站、真空源、气体处理站(回收或焚烧)、检测设备等组成。

(2)被动导排。被动导排就是不用机械抽气设备,填埋气体依靠自身的压力沿导气井和盲沟排向填埋场外。被动导排适用于小型填埋场和垃圾填埋深度较小的填埋场。

3. 气体收集系统的设计

在设计填埋场气体收集和导排系统时,应考虑气体收集方式的选择、抽气井的布置、管道分布和路径、冷凝水收集和处理、材料选择、管道规格(压力差)等。

气体收集设施根据设置方向可分为水平收集方式和竖向收集方式两种类型。水平收集方式的装置为水平沟,竖向收集方式的装置为竖井。

(1)水平收集方式。水平收集方式就是沿着填埋场纵向逐层横向布置水平收集管,直至两端设立的导气井将气体引出场面。水平收集管是由 HDFE(或 UPVC)制成的多孔管,多孔管布设的水平间距为 50 m,其周围铺砾石透气层。它适于小面积、窄形、平地建造的填埋场,此收集方式简单易行,可以适应垃圾填埋作业,在垃圾填埋过程直至封顶时使用都方便。

(2)竖向收集方式。竖井的作用是在填埋场范围内提供一种透气排气空间和通道,同时将填埋场内渗滤液引至场底部排到渗滤液调节池和污水处理站。此方式结构相对简单,集气效率高,材料用量少,一次投资省,在垃圾填埋过程容易实现密封。

4. 填埋场气体的净化和利用

填埋场气体在利用或直接燃烧前,常需要进行一些处理。填埋场气体含有 H_2O,CO_2,N_2,O_2,H_2S 等成分,这些成分的存在不仅降低填埋场气体的热值,而且在高温高压条件下,对填埋场气体的利用系统具有强烈的腐蚀作用,因此,有必要对填埋场气体(简称填埋气)进行处理与净化。

(1)填埋气各组分的净化方法。现有的填埋气净化技术都是从天然气净化工艺及传统的化工处理工艺发展而来的,按反应类型和净化剂种类分类。针对填埋气中的 H_2O,H_2S

和CO_2的净化技术见表1-8-4。

表1-8-4 填埋气的净化技术

净化技术	H_2O	H_2S	CO_2
固体物理吸附	活性氧化铝 硅胶	活性炭	
液体物理吸附	氯化物 乙二醇	水洗 丙烯酯	水洗
化学吸收	固体:生石灰 氯化钙 液体:无	固体:生石灰 熟石灰 液体:氢氧化钠 碳酸钠 铁盐 乙醇胺 氧化还原作用	固体:生石灰 液体:氢氧化钠 碳酸钠 乙醇胺
其他	冷凝 压缩和冷凝	膜分离 微生物氧化	

(2)填埋气的利用。填埋气中CH_4气体约占50%,而CH_4气体是一种宝贵的清洁能源,具有很高的热值。填埋气与各种气、液燃料发热量比较见表1-8-5。可以看出,填埋场气体的热值与城市煤气的热值接近,它净化处理后是一种较理想的气体燃料。

表1-8-5 各种燃料发热量

燃料种类	纯CH_4	填埋气	煤气	汽油	柴油
发热量/(kJ/m³)	35 916	9 395	6 744	30 557	39 276

常用的填埋气利用方式有以下几种:

1)用于锅炉燃料。用于采暖和热水供应。此种方式设备简单,投资少,适合于垃圾填埋场附近有热用户的地方。

2)用于民用或工业燃气。用管道输送到居民用户或工厂,作为生活或生产燃料。此种方式投资大,技术要求高,适合于规模大的填埋场气体利用工程。

3)用于发电。填埋气即沼气可用作内燃发动机的燃料,通过燃烧膨胀做功产生原动力使发动机带动发电机进行发电。沼气发电的简要流程为:沼气→净化装置→贮气罐→内燃发动机→发电机→供电。

4)用作化工原料。填埋气经过净化,可得到很纯净的CH_4和CO_2,它们是重要的化工原料。比如,在光照条件下,CH_4分子中的氢原子能逐步被卤素原子所取代,生成一氯甲烷、二氯甲烷、三氯甲烷和四氯化碳的混合物,这4种产物都是重要的有机化工原料。一氯甲烷是制取有机硅的原料;二氯甲烷是塑料和醋酸纤维的溶剂;三氯甲烷是合成氟化物的原料;四氯化碳是溶剂又是灭火剂,也是制造尼龙的原料。用CO_2制造一种叫"干冰"的冷凝剂,可制取碳酸氢铵肥料。

8.2.6 卫生填埋场封场要求与监测管理

封场是卫生填埋场建设中的一个重要环节。封场的目的在于:防止雨水大量下渗,造成填埋场收集到的渗滤液体积剧增,加大渗滤液处理的难度和投入;避免垃圾降解过程中产生的有害气体和臭气直接释放到空气中造成空气污染;避免有害固体废物直接与人体接触;阻止或减少蚊蝇的滋生;封场覆土上栽种植被,进行复垦或做其他用途。封场质量的高低对填埋场能否处于良好的封闭状态、封场后的日常管理与维护能否安全地进行、后续的规划能否顺利实施有至关重要的影响。

1. 终场覆盖层的一般结构

现代化卫生填埋场的终场覆盖层应由 5 层组成,从上至下为表层、保护层、排水层、防渗层(包括底土层)和排气层。各结构层的作用、材料和使用条件列于表 1-8-6 中。

表 1-8-6 填埋场终场覆盖系统

结构层	主要功能	常用材料	备 注
表层	取决于填埋场封场后的土地利用规划,能生长植物并保证植物根系不破坏下面的保护层和排水层,具有抗侵蚀等能力,可能需要地表水排水管等建筑	可生长植物的土壤以及其他天然土壤	需要有地表水控制层
保护层	防止上部植物根系以及挖洞动物对下层的破坏,保护防渗层不受干燥收缩、结冻解冻等破坏,防止排水层的堵塞,维持稳定	天然土等	需要有保护层,保护层和表层有时可以合并使用一种材料
排水层	排泄入渗进来的地表水等,降低入渗层对下部防渗层的压力,还可以有气体导排管道和渗滤液回收管道等	沙、石、土工网格、土工合成材料及土工布	此层并非必需层,只有当通过保护层入渗的水量较多或对防渗层的渗透压力较大时才是必要的
防渗层	防止入渗水进入堆填废物中,防止填埋场气体逸出	压实黏土、柔性膜、人工改性防渗材料、复合材料等	需要有防渗层,通常由保护层、柔性膜和土工布来保护防渗层,常用复合防渗层
排气层	控制填埋场气体,将其导入填埋场气体收集设施进行处理或利用	沙、土工网格及土工布	只有当废物产生大量填埋场气体时才是必需的

2. 终场覆盖层的结构类型

根据防渗层所采用材料,终场覆盖层的结构类型可分为黏土覆盖结构和人工材料覆盖结构。黏土覆盖结构的特征是防渗层材料采用压实的黏土,其结构如图 1-8-11 所示。

人工材料覆盖结构的特征是防渗层材料采用人工合成材料如 HDPE 及相应的保护层组成,其结构如图 1-8-12 所示。

值得指出的是,无论采用何种覆盖结构封场,填埋场封场顶面坡度不应小于 5%。边坡

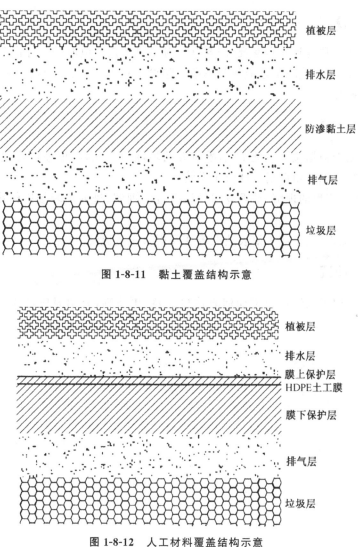

图 1-8-11 黏土覆盖结构示意

图 1-8-12 人工材料覆盖结构示意

大于 10% 时宜采用多级台阶进行封场,台阶间边坡的坡度不宜大于 1:3,台阶宽度不宜小于 2 m。同时,填埋场封场后应继续进行填埋场气体、渗滤液处理及环境与安全监测等运行管理,直至填埋体稳定。

3. 填埋场封场后的土地利用

封场后填埋场的再利用必须在填埋体达到稳定安全期后方可进行,使用前必须做出场地鉴定和使用规划。土地利用有以下几个方面:①绿化用地,植树、种草;②耕地、菜园、果园;③游艺或运动场;④库房用地;⑤建筑用地等。但在未经环卫、岩土、环保专业技术鉴定之前,填埋场严禁作为永久性建筑物用地。

4. 环境监测

监测内容包括入场废物例行检查、渗滤液监测、地表水监测、地下水监测、气体监测、土壤和植被监测、终场覆盖层的稳定性监测等。

【任务实施】

垃圾填埋场经常遇到外宾参观,需要有人对主要工艺及填埋场运行管理做一些介绍,请你为这些外宾介绍:①填埋工艺流程及填埋场建设要点;②进入填埋场固体废物要求;③填埋场气体收集系统。

【考核与评价】

考查学生能否根据垃圾填埋工艺,熟练介绍填埋工艺流程、填埋场建设施工要点、进入填埋场固体废物要求及填埋场气体收集系统。

(1)填埋工艺流程的理解、填埋场建设施工过程理解、进入填埋场固体废物要求及气体收集系统理解。

(2)介绍熟练程度、专业术语表达准确性及语言表达流畅。

【讨论与拓展】

各小组就填埋工艺流程介绍如何表达更完整、更清晰,介绍时应该注意哪些问题进行讨论。

项目 2

一般工业固体废物处理与处置

任务 1　一般工业固体废物的采样和制样

【任务描述】

实际工作中通常需要根据固体废物的性质选择适当的处理、利用和处置技术,实现固体废物污染控制的"资源化""无害化""减量化"。而对固体废物的性质分析将是正确选择固体废物处理、利用和处置方案的首要任务。在对固体废物进行实训与分析时,首先始于固体废物的采样。由于固体废物量大、种类繁多且混合不均匀,是一种由多种物质组成的异质混合体,因此与水质及大气实训分析相比,从固体废物这种不均匀的批量中采集有代表性的试样的确很难,但是必须采集具有代表性的固体废物样品。

对固体废物的性质分析时,在采集了具有代表性的固体废物样品后,还必须对该固体废物样品进行一定处理,才能满足实训或分析的要求,为固体废物收运、处理、利用和处置提供参考。

【知识点】

固体废物的采样和制样参见《工业固体废物采样制样技术规范》(HJ/T 20—1998)和《生活垃圾采样和物理分析方法》(CJ/T 313—2009)。

1.1　工业固体废物的采集

1.1.1　份样数的确定

工业固体废物是指在工业、交通等生产活动中产生的固体废物。份样数是由一批固体废物中的一个点或一个部位按规定量取出的样品个数。采样份样数的多少取决于两个因素:①物料的均匀程度,物料越不均匀,采样份数样应越多;②采样的准确度,采样的准确度要求越高,采样份样数应越多。份样数可由公式法或查表法确定。

当已知份样间的标准偏差与允许误差时,可按以下公式计算份样数:

$$n \geqslant (ts/\Delta)^{1/2}$$

式中　n——必要的份样数;

　　　s——份样间的标准偏差;

$\triangle$——采样允许误差；

t——选定置信水平下的概率密度。

取 $n \rightarrow \infty$ 时的 t 值作为最初 t 值，依次计算出 n 的初值。用对应于 n 的初值的 t 值代入，不断迭代，直至算得的 n 值不变，此 n 值即必要的份样数。

当份样间的标准偏差和允许误差未知时，可按表 2-1-1 和表 2-1-2 确定份样数。

1.1.2　份样量的确定

份样量的大小主要取决于固体废物颗粒的最大粒径，颗粒越大，均匀性越差，份样量应越多，份样量可根据切乔特经验公式（又称缩分公式）计算：

$$Q = Kda$$

式中　Q——应采的最小样品量，kg；

d——固体废物最大颗粒直径，mm；

K——缩分系数；

a——经验常数。

K，a 都是常数，与固体废物的种类、均匀程度和易破碎程度有关。一般矿石的 K 值介于 $0.05 \sim 1.00$，固体废物越不均匀，K 值就越大。a 值介于 $1.5 \sim 2.7$，一般由实际情况确定。

也可以按表 2-1-1 确定每个份样应采的最小质量。所采的每个份样量应大致相等，其相对误差不大于 20%。表 2-1-3 中要求的采样铲容量为保证在一个地点或部位能够取到足够数量的份样量。

液态废物的份样量以不小于 $100~mL$ 的采样瓶（或采样器）所盛量为宜。

表 2-1-1　批量大小与最少份样数　　　　单位：固体（t）；液体（m^3）

批量大小	最少份样数/个	批量大小	最少份样数/个	批量大小	最少份样数/个	批量大小	最少份样数/个
<1	5	≥100	30	≥30	20	≥5 000	60
≥1	10	≥500	40	≥50	25	≥10 000	80
≥5	15	≥1 000	50				

表 2-1-2　贮存容器数量与最少份样数

容器数量/个	最少份样数/个	容器数量/个	最少份样数/个	容器数量/个	最少份样数/个	容量数量/个	最少份样数/个
1～3	所有	65～125	5～6	344～730	7～8	1 001～1 300	9～10
4～64	4～5	126～343	6～7	731～1 000	8～9	每增加 300 个容器或设施，增加 1 个采样点	

表 2-1-3　份样量和采样铲容量

最大粒度/mm	最少份样量/kg	采样铲容量/mL	最大粒度/mm	最小份样量/kg	采样铲溶量/mL
＞150	30		20~40	2	800
100~150	15	16 000	10~20	1	300
50~100	5	7 000	＜10	0.5	125
40~50	3	1 700			

1.1.3　采样方法

1. 简单随机采样法

当对一批废物了解很少,且采取的份样比较分散不影响分析结果时,对废物不做处理,按照其原来的状况从中随机采取份样。

2. 系统采样法

在一批废物以运送带、管道等形式连续排出的移动过程中,按一定的质量或时间间隔采份样,份样间的间隔按下式计算:

$$T \leqslant Q/n \text{ 或 } T' \leqslant \frac{60Q}{Gn}$$

式中　T——采样质量间隔,t;

　　　T'——采样时间间隔,min;

　　　Q——批量,t;

　　　N——份样数;

　　　G——每小时排出量,t/h。

3. 分层采样法

在一批废物分次排出或某生产工艺过程的废物间歇排出过程中,可分 n 层采样,根据每层的质量,按比例采取份样。第 i 层采样份数按下式计算:

$$n_i = \frac{nQ_L}{Q}$$

式中　n_i——第 i 层应采份样数;

　　　n——份样数;

　　　Q_L——第 i 层废物质量,t;

　　　Q——批量,t。

4. 两段采样法

简单随机采样、系统采样、分层采样都是一次就直接从批废物中采取份样,称为单段采样。当一批废物有许多车、桶、箱、袋等容器盛装时,由于各容器件比较分散,因此要分阶段采样,首先从批废物总容器件数 N_0 中随机抽取 n_1 件容器,然后再从 n_1 件的每一件容器中采 n_2 个份样。

推荐当 $N_0 \leqslant 6$ 时,取 $n_1 = N_0$;当 $N_0 > 6$ 时,按下式计算:

$$n_1 \geqslant 3N_0^{\frac{1}{3}}(\text{小数进整数})$$

推荐第二阶段的采样数 $n_2 \geqslant 3$,即 n_1 件容器中的每个容器均随机采上、中、下最少 3 个份样。

1.1.4 采样点设置

对于堆存、运输中的固态废物和大池(坑、塘)中的液态固体废物,可按对角线形、棋盘形、蛇形等点分布确定采样点(采样设置)。

对于粉末状、小颗粒的固体废物,可按垂直方向、一定深度的部位确定采样点(采样位置)。对于容器内的固体废物,可按上部(表面下相当于总体积的 1/6 深处)、中部(表面下相当于总体积的 1/2 深处)、下部(表面下相当于总体积的 5/6 深处)确定采样点(采样位置)。

1. 运输车及容器采样

在运输一批固体废物时,当车数不多于该批废物规定的采样单元数时,每车应采样单元数按下式计算:

$$\text{每车应采样单元数(小数应进为整数)} = \text{规定采样单元数/车数}$$

当车数多于规定的采样单元数时,按图 2-1-1 所示选出所需最少的采样份数后,从所选车中各随机采集一个份样。在车中,采样点应均匀分布在车厢的对角线(图 2-1-1),端点距车角应大于 0.5 m,表层应减 30 cm。

图 2-1-1　车厢中采样点的布置

对于一批若干容器盛装的废物,按表 2-1-4 选取最少容器数,并且每个容器中均随机采两个样品。

表 2-1-4　所需最少采样车数

车(容器)数	所需最少采样
<10	5
10～25	10
25～50	20
50～100	30
>100	50

2. 废渣堆采样法

在废渣堆两侧距堆底 0.5 m 处画第一条横线,然后每隔 0.5 m 画一条横线;再每隔 2 m 画一条横线的垂线,其交点作为采样点。按表 2-1-1 确定的采样份样数,确定采样点数时在每点上从 0.5～1.0 m 深处各随机采样一份(图 2-1-2)。

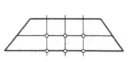

图 2-1-2　废渣堆中采样点的分布

1.2　制　样

1.2.1　制样方法

制样的目的是从采样的小样或大样中获取最佳量、最具代表性、能满足实训或分析要求的样品。根据以上采样方法采取原始固体试样,往往数量很大、颗粒大小悬殊、组成不均匀,无法进行实训分析。因此在实训室分析之前,需对原始固体试样进行加工处理,称为制样。制样的目的是将原始试样制成满足实训室分析要求的分析试样,即数量缩减到几百克、组成均匀(能代表原始样品)且粒度细(易于分解)。制样的步骤包括破碎、筛分、混匀及缩分。制样的 4 个步骤反复进行,直至达到实训室分析试样要求为止。

将采样品均匀平铺在洁净、干燥、通风的房间自然干燥。当房间内有多个样品时,可用大张干净滤纸盖在搪瓷盘表面,以避免样品受外界环境污染和交叉污染。其包括以下 4 个不同操作:

(1)粉碎。经破碎和研磨以减少样品的粒度。用机械方法或人工方法破碎研磨,使样品分阶段达到相应排料的最大粒度。

(2)筛分。使样品保证 95% 以上处于某一粒度范围:根据样品的最大粒径选择相应的筛号,分阶段筛分出全部粉碎样品。筛上部分应全部返回粉碎工序重新粉碎,不得随意丢弃。

(3)混匀。使样品达到均匀。用机械设备或人工转堆法,使过筛的一定粒度范围的样品充分混合,以达到均匀分布。

(4)缩分。将样品缩分,以减少样品的质量:根据制样粒度,使用缩分公式求出保证样品具有代表性前提下应保留的最小质量。采用圆锥四分法进行缩分,即将样品置于洁净、平整的板面(聚乙烯板、木板等)上,堆成圆锥形,不可使圆锥中心错位,反复转堆至少 3 次,使其充分混匀,然后将圆锥顶端轻轻压平,摊开物料后,用十字分样板自上压下,分成 4 等份,任取对角的两等份,重复操作数次,重复上述操作至达到所需分析试样的最小质量。

液态废物制样主要为混匀、缩分,缩分采用二分法,每次减量一半,直至实训分析用量的 10 倍为止。

1.2.2　样品的运送和保存

样品在运送过程中,应避免样品容器的倒置和倒放。样品应保存在不受外界环境污染的洁净房间内,并密封于容器中保存,贴上标签备用。

二次样品应在阴凉干燥处保存,保存期内若吸水受潮,则应在(105±5)℃的条件下烘干至恒重后,才能用于测定,必要时可采用低温、加入保护剂的方法保存。制备好的样品,一般有效保存期为 3 个月,易变质的试样不受此限制。最后,填写采样制作表,分别存放于有关部门。

1.3 采样方案设计

在固体废物采样前,应首先进行采样方案(采样计划)设计。方案内容包括采样目的和要求、背景调查和现场踏勘、采样程序、安全设施、质量控制、采样记录和报告等。

1.3.1 采样目的

采样的基本目的是从一批固体废物中采集具有代表性的样品,通过实训和分析,获得在允许误差范围内的数据。在设计采样方案时,应先明确分析采样的目的和要求,如特性鉴别、环境污染检测、综合利用或处置、环境影响评价、科学研究、法律责任及仲裁等。

1.3.2 背景调查和现场踏勘

采样目的明确后,要调查以下影响采样方案制订的因素,并进行现场踏勘:
(1)固体废物的产生地点、产生时间、产生形式(间断还是连续)及贮存(处置)方式。
(2)固体废物的种类、形态、数量及特性(含物理性质和化学性质)。
(3)固体废物实训及分析的允许误差和要求。
(4)固体废物污染环境、监测分析的历史资料。

1.3.3 采样程序

(1)明确采样目的和要求。
(2)进行背景调查和现场踏勘。
(3)确定采样点、份样数、份样量。
(4)确定采样方法、选择采样工具。
(5)制定安全措施和质量控制措施。
(6)采样。

1.3.4 采样记录和报告

采样时应记录固体废物的名称、来源、数量、性状、包装、贮存、处置、环境、编号、份样量、份样数、采样点、采样法、采样日期、采样人等,必要时,根据记录填写采样报告。

【任务实施】

1. 采样前的调查、准备

(1)生活垃圾采样前需调查并记录该地区的背景资料,包括区域类型、服务范围、产生量、处理量、收运处理方式等。根据分析要求调查固体废物的产生、贮存情况;整理资料,明确采样方法和技术要点。为了使采集的样品具有代表性,在采集之前要调查研究生产工艺过程、废物类型、排放数量、堆积历史、危害程度和综合利用程度。若采集有害废物,则应根据其有害特性采取相应的安全措施。
(2)准备采样工作。固体废物的采样工具包括尖头铁锹、钢锤、采样探子、采样钻、气动和真空探针、取样铲、带盖盛样桶或内衬塑料薄膜的盛样袋等。

2. 采样点的设置和计算

根据一批废物情况,确定采样方法、份样量、份样数,并确定采样点,具体设置和计算参考《工业固体废物采样制样技术规范》(HJ/T 20—1998)。

3. 采样记录

根据固体废物的赋存状态,选用不同的采样方法,在每一个采样点上采取一定质量的物料,并记录在表 2-1-3 中。

表 2-1-3 固体废物采样记录

采样时间:　　年　　月　　日　　　　　　　　　采样地点:

样品名称		废物来源	
份样数		采样方法	
份样量		采样人	
采样现场简述			
废物产生过程简述			
采样过程简述			
样品可能含有的主要有害成分			
样品保存方式及注意事项			

4. 制　样

(1)制样程序:

1)粉碎。根据后续分析目的和要求,确定粒径大小,将城市生活垃圾按要求粉碎。

2)混合缩分。根据分析要求确定样品量。

3)制定安全措施和质量控制措施。

4)样品保存。

(2)制样记录:制样时应记录固体废物的名称、来源、数量、性状、包装、贮存、处置、环境、编号、份样量、份样数、采样点、采样法、采样日期、采样人等,必要时,根据记录填写制样并记录于表 2-1-4 中。

表 2-1-4 固体废物制样记录

制样时间:　　年　　月　　日　　　　　　　　　制样地点:

样品名称		送样人	
样品量		制样人	
制样目的			
样品性状简述			
制样过程简述			
制样保存方式及注意事项			

【考核与评价】

考查学生对特定固体废物能否正确制订实施方案,能否选择采样方法、采样份数、采样量、采样点等。

(1)采样方法的选择和考察。

(2)采样份数、采样量的确定。

(3)采样点的设置。

(4)采样操作。

(5)成果评价。

【讨论与拓展】

(1)对比和讨论不同固体废物采样方法。

(2)改进采样方法,反复训练不同类型固体废物的采样技术。

任务 2　一般工业固体废物Ⅰ类、Ⅱ类鉴别

【任务描述】

某企业产生一定量的一般工业固体废物,现需要建一堆放或贮存场所,是建Ⅰ类场还是建Ⅱ类场,前提是对一般工业固体废物的Ⅰ类、Ⅱ类进行鉴别。

【知识点】

《一般工业固体废物贮存、处置场污染控制标准》(GB 18599—2001),《固体废物浸出毒性浸出方法翻转法》(GB 5086.1—1997),《固体废物浸出毒性浸出方法水平振荡法》(HJ 577—2009)及 GB/T 15555.1～GB/T 15555.12—1995 浸出毒性测定方法。

【任务实施】

1. 浸　出

首先用《固体废物浸出毒性浸出方法翻转法》(GB 5086.1—1997)或《固体废物浸出毒性浸出方法水平振荡法》(HJ 577—2009)规定方法和程序对一般工业固体废物进行浸出,获得浸出液。

2. 浸出毒性测定方法

用 GB/T 15555.1～GB/T 15555.12—1995 浸出毒性测定方法对浸出液进行相应测定。

3. Ⅰ类、Ⅱ类判别

与《污水综合排放标准》(GB 8978)相应指标进行对比,进一步判定是属于Ⅰ类还是属于Ⅱ类。

【考核与评价】

考查学生能否结合固体废物性质,提出性质分析的主要指标和检验分析计划,正确操作并得出结论等。

(1)分析计划的制订。

(2)性质分析方法、操作技能的掌握。

(3)一般工业固体废物Ⅰ类、Ⅱ类鉴别知识的掌握。

【讨论与拓展】

各小组就固体废物性质分析计划和实施过程中出现的问题和获得的经验进行讨论,通过验证,改进分析方案,提高操作技能。

任务 3　废旧物品手工小制作

【任务描述】

手工制作的风铃很漂亮（图 2-3-1），请利用身边废旧物品进行小制作。

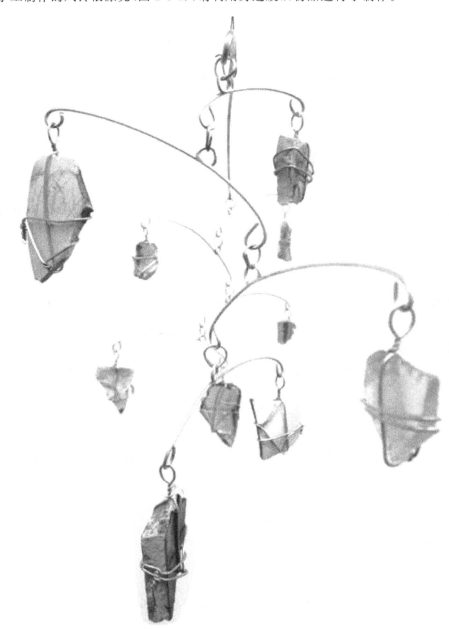

图 2-3-1　手工制作的风铃

【知识点】

3.1　资源化的概念

固体废物具有两重性,它虽占用大量土地,污染环境,但本身又含有多种有用物质,是一种资源。固体废物资源化是采取工艺技术从固体废物中回收有用的物质和能源。

3.2　资源化的原则

为保证固体废物资源化利用能够取得良好效益,固体废物的资源化必须遵循以下 4 个原则:一是资源化的技术必须是可行的;二是资源化的经济效果比较好,且有较强的生命力;三是资源化所处理的固体废物应尽可能在排放源附近处理利用,以节省固体废物在存放和运输等方面的投资;四是资源化产品应当符合国家相应产品的质量标准,因而具有与相应产品竞争的能力。

3.3　资源化的基本途径

固体废物资源化的利用途径较多,其基本途径归纳起来有五大类。

3.3.1　提取各种金属

把最有价值的各种金属提取出来是固体废物资源化的主要途径。许多种废矿石、尾矿以及废渣中都含有一定量的金属、稀有金属、贵金属元素或含有提炼、冶炼金属元素所需的辅助成分,若用于冶金、化工生产可取得良好的技术经济效果。从有色金属渣中可提取金、银、钴、锑、硒、碲、铊、钯、铂等,其中某些稀有贵金属的价值甚至超过主金属的价值。粉煤灰和煤矸石中含有铁、钼、钪、锗、钒、铀、铝等金属,目前美国、日本等国能对钼、锗、钒实行工业化提取。可用于回收金属的主要固体废物见表 2-3-1。

表 2-3-1　可用于回收金属的主要固体废物

用　途	主要固体废物及回收要点
炼铁熔剂	钢渣、铬渣等作为炼铁熔剂
炼铁原料	废钢铁、钢渣、钢铁尘泥,含铁量高的硫酸渣、铅锌渣等作为炼铁炉料
回收铁	从粉煤灰、钢铁渣中磁选回收铁,从煤矸石中选取氧化铁
回收有色金属、贵金属、稀有金属等	从铜、铅、锌、镍渣中回收铜、铅、锌、镍;从铅锌渣中回收金、银、锗等;从粉煤灰中回收铝、锗等;从煤矸石中回收锗、钢等;废有色金属重炼;从水银电解制苛性钠的盐泥中,从乙炔法制氯乙烯的含氯化汞的废催化剂中,从处理含汞废水的污泥中回收汞等

3.3.2　生产建筑材料

许多工业废物的物质组成及性质与天然或人工制成的建筑材料很相似,因此利用工业固体废物生产建筑材料是一条较为广阔的途径。目前主要表现在以下几个方面:一是利用高炉渣、钢渣、铁合金渣等生产碎石,作为混凝土骨料、道路材料、铁路道砟等;二是利用粉煤灰、经水淬的高炉渣和钢渣等生产水泥;三是在粉煤灰中掺入一定量炉渣、矿渣等部分冶金炉渣生产铸石;四是利用高炉渣或铁合金渣生产微晶玻璃;五是利用高炉渣、煤矸石、粉煤灰生产矿渣棉和轻质骨料。此外,废旧塑料、污泥、尾矿、建筑垃圾、城市生活垃圾焚烧飞灰等也可用于生产建筑材料。可用于生产建筑材料的主要固体废物见表 2-3-2。

表 2-3-2   可用于生产建筑材料的主要固体废物

建筑材料	可利用的固体废物
水泥	相当于石灰成分的废石、铁或铜的尾矿粉、煤矸石、粉煤灰、锅炉渣、高炉渣、钢渣、铅渣、镍渣、赤泥、硫酸渣、铬渣、油母页岩渣、碎砖石、水泥窑灰、废石膏、电石渣、铁合金渣等,可用于生产水泥的生料配料、混合材料、外掺剂等
砖瓦	铁和铜的尾矿粉、煤矸石、粉煤灰、锅炉渣、高炉渣、钢渣、赤泥、铜渣、硫酸渣、镍渣、电石渣等,可用来烧制、蒸制或高压蒸制砖瓦。铬渣、油母页岩渣等只能用于烧制砖瓦
砌块、墙板及混凝土制品	煤矸石、粉煤灰、锅炉渣、高炉渣、电石渣、废石膏、铁合金水渣等,可用于生产硅酸盐建筑制品
混凝土骨料	化学成分及体积稳定的各种废石、自燃或焙烧膨胀的煤矸石、粉煤灰陶粒、高炉重矿渣、膨胀矿渣珠、彭珠、水渣、铜渣、膨胀镍渣、赤泥、陶粒、烧胀页岩、锅炉渣、碎砖、铁合金水渣等,可作为普通混凝土及轻质混凝土骨料
道路材料	化学成分及体积稳定的各种废石、铁和铜尾矿、自然煤矸石、锅炉渣、粉煤灰、高炉渣、钢渣、铜铅锌镍渣、赤泥、电石渣、废石膏等,可作为道路垫层、路基结构层和面层用料
铸石及微晶玻璃	类似玄武石、辉绿岩的废石、粉煤灰、煤矸石、尾矿、高炉渣、铜镍渣、铬渣、铁合金渣等,可用于烧制硅酸盐制品
保温材料	高炉渣棉及其制品、高炉渣、粉煤灰及其微粒等,可用作保温隔热材料
其他材料	高炉渣可作为耐热混凝土骨料、陶瓷及搪瓷原料;粉煤灰可作为塑料填料;铬渣可作为玻璃着色剂等

3.3.3   生产农肥

利用固体废物生产或代替农肥有着广阔的前景。城市生活垃圾、农业固体废物等可经过堆肥处理制成有机肥料。许多废渣含有植物生长所必需的成分,并具有一定改良土壤结构的作用,可作为农用。粉煤灰、高炉渣、钢渣、铁合金渣等作为硅钙肥直接施用于农田,且具有改良土壤的功能;而钢渣含磷较高时,可生产钙磷肥。

3.3.4   回收能源

很多工业固体废物热值高,可以充分利用,如通过焚烧生产蒸汽或发电;粉煤灰中含碳量高达 10% 以上的,可以回收加以利用,用这些废物烧制砖瓦,不仅可以节省占地,而且可以发挥能源效益;近年来我国还建设了一批利用煤矸石发电的发电厂,节省了大量煤炭外运的运输力,所排放的粉煤灰可用于矿坑回填,一举数得,值得大力推广;有机垃圾、植物秸秆、人畜粪便中的碳水化合物、蛋白质、脂肪等,经过厌氧发酵,可生成可燃性的沼气,其工艺简单、原料广泛,是从固体废物中回收生物能源、保护环境的重要途径。

3.3.5　取代某种工业原料

工业固体废物经加工处理后可代替某种工业原料,以节省资源。高炉渣代替沙、石作为滤料,用于处理废水,还可以作为吸收剂回收水面上的石油制品;粉煤灰可作为塑料制品的填充剂,也可以作为过滤介质,过滤造纸废水,不仅效果好,而且还可以从纸浆废液中回收木质素;利用粉煤灰、煤矸石、赤泥、硫铁矿烧渣等为原料可生产高分子无机絮凝剂;用铬渣代替石灰石作为炼铁熔剂;用建筑垃圾代替天然骨料配制再生混凝土等。

【任务实施】

1. 构　思

根据自己的兴趣和爱好,构思制作作品。

2. 获取废旧物品

根据自己身边丢弃的废旧物品及自己的构思寻找并收集废旧物品。

3. 动手制作

根据构思与收集的废旧物品,动手制作作品(要求作品有新意,有一定实用价值或欣赏价值,有一定强度或稳定性或耐久性)。

【考核与评价】

考查学生是否掌握固体废物资源化利用原则和途径,是否具有资源化利用的意识和思路;考查学生实际动手能力。

【讨论与拓展】

讨论龙岩市生活垃圾焚烧炉渣资源化利用的途径。

项目 **3**
危险废物无害化处理

任务 1　危险废物鉴别

【任务描述】

某企业产生大量工业固体废物,现需要对其危险特性进行鉴别,确定其是否属于危险废物。

【知识点】

相应标准:《危险废物鉴别技术规范》《危险废物鉴别标准通则》《工业固体废物采样制样技术规范》《危险废物鉴别标准浸出毒性鉴别》。

危险废物是指具有腐蚀性、急性毒性、浸出毒性、反应性、传染性、放射性等中的一种及一种以上危害特性的废物。

危险废物如果管理不当,就会对人体健康和生态环境造成严重危害,因而需要鉴别危险废物特性,为全面实施危险废物分类收集、全过程管理提供有效的监管依据,为危险废物处理、资源化和处置提供技术参考。

固体废物遇水浸沥后,浸出的有害物质迁移转化并污染环境,这种危害特性称为浸出毒性。浸出毒性是危险鉴别标准之一。固体废物受到水的冲淋、浸泡,其中的有害成分将会因转移到水相中而导致二次污染。浸出毒性的鉴别系模拟固体废物的自然浸出过程,可在实训室通过规定的浸出方法进行浸取,当浸出液中有一种或一种以上有害成分的浓度超过规定的最高容许浓度的标准值时,则可鉴别该固体废物具有浸出毒性,是危险废物。

1.1　危险废物的来源与分类

1.1.1　危险废物的概念

危险废物又称为"有毒废物""有毒废渣"等。对危险废物的定义,不同的国家和组织各有不同表述,联合国环境规划署(United Nations Environment Programme,UNEP)把危险废物定义为:"危险废物是指除放射性以外的那些废物(固体、污泥、液体和利用容器的气体),由于它的化学反应性、毒性、易爆性、腐蚀性和其他特性引起或可能引起对人体健康或环境的危害,不管它是单独的或与其他废物混在一起,不管是产生的或是被处置的或正在运输中的,在法律上都称危险废物。"而世界卫生组织(World Health Organization,WHO)的定义为:"危险废物是一种具有物理、化学或生物特性的需要特殊的管理与处置以免引起健康危害或产生其他环境危害的废物。"

我国在 1995 年颁布并于 2004 年修订的《中华人民共和国固体废物污染环境防治法》中将危险废物规定为:"列入国家危险废物名录或者根据国家规定的危险废物鉴别标准和鉴别方法认定的具有危险特性的废物。"

1.1.2　危险废物的来源

危险废物包括工业危险废物、医疗废物和其他社会源危险废物。危险废物主要来源于石油化学工业、化学工业、钢铁工业、有色金属冶金工业等行业,参见表 3-1-1。

表 3-1-1　危险废物的主要来源

废物产生行业	可能产生的废物类别
机械加工及电镀	废矿物油、废乳化液、废油漆、表面处理废物、含铜废物、含锌废物、含铅废物、含汞废物、无机氰化物废物、废碱、石棉废物、含镍废物等
金属冶炼、铸造及热处理	含氰热处理废物、废矿物油、废乳化液、含铜废物、含锌废物、含镉废物、含锑废物、含铅废物、含汞废物、含铊废物、废碱、废酸、含镍废物、含钡废物等
塑料、橡胶、树脂、油脂等化学生产及加工	废乳化液、精(蒸)馏残渣、有机树脂类废物、新化学品废物、感光材料废物、焚烧处理残渣、含酸类废物、含醚废物、废卤化有机溶剂、废有机溶剂、含有机物废物、含重金属废物、废油漆等
建材生产及建材使用	含木材防腐剂废物、废矿物油、废乳化液、废油漆、有机树脂类废物、废碱、废酸、石棉废物等
印刷纸浆生产及纸加工	废油漆、废乳化液、废碱、废酸、废卤化有机溶剂、废有机溶剂、含重金属的废涂液等
纺织印染及皮革加工	废油漆、废乳化液、含铬废物、废碱、废酸、废卤化有机溶剂、废有机溶剂等
化工原料及石油产品生产	含木材防腐剂废物、含有机溶剂废物、废矿物油、废乳化液、含多氯联苯废物、精(蒸)馏残渣、有机树脂类废物、废油漆、易燃性废物、感光材料废物、含铍废物、含铬废物、含铜废物、含锌废物、含硒废物、含锑废物、含铅废物、含汞废物、含铊废物、有机铅化物废物、无机氰化物废物、废碱、废酸、石棉废物、有机磷化物废物、含醚类废物、废卤化有机溶剂、废有机溶剂、含有氯苯并呋喃类废物、多氯联苯二噁英类废物、有机卤化物废物、含镍废物、含钡废物等
电力、煤气厂及废水处理	废乳化液、含多氯联苯废物、精(蒸)馏残渣、焚烧处理残渣等
医药及农药生产	医药废物、废药品、农药及除草剂废物、废乳化液、精(蒸)馏残渣、新化学废物、废碱、废酸、有机磷化学废物、有机氰化物废物、含酚废物、含醚类废物、废卤化有机溶剂、废有机溶剂、含有机卤化物废物等
食品及饮料制造生产容器清洗	废碱、废酸、废非卤化有机溶剂等
制鞋行业的黏合剂涂覆	废易燃黏合剂
印刷、出版及相关工业定影显影设备清洗、制版等工艺	废碱、废酸、含汞废液、含铬废物/液、废卤化有机溶剂、废有机溶剂、易燃油墨废物等

续表

废物产生行业	可能产生的废物类别
化工及化学制造	废碱、废酸、废卤化溶剂、废非卤化溶剂、含农药废物、重金属废物、含氰废物、含重金属催化剂、含重金属废物、蒸馏残渣、石棉废物等
石油及煤产品制造	废卤化溶剂、废非卤化溶剂等
玻璃及玻璃制品生产	废矿物油、废卤化溶剂、废非卤化溶剂、废酸、重金属废液、废油漆等
钢铁生产与加工	重金属废物、废碱、废酸、废矿物油、含锌废物等
有色金属生产与加工	含重金属废物、废碱、废酸、废矿物油、含锌废物、废卤化溶剂、废非卤化溶剂等
金属制品制造	废碱、废酸、废卤化溶剂、废非卤化溶剂、废矿物油、废油漆、易燃废物、含铬废液、含重金属废物/液等
办公及家电机械和电子设备制造、电子及通信设备制造	废碱、废酸、废卤化溶液、废非卤化溶剂、废矿物油、含重金属废液、含氰废液、易燃有机物等
机械、设备、仪器、运输工具、器材、用品、产品及零件制造	废碱、废酸、废卤化溶液、废非卤化溶剂、废矿物油、含重金属废液、含氰废液、废易燃有机物、石棉废物、废催化剂等
运输部门作业及车辆保养修理	废易燃有机物、废油漆、废卤化溶剂、废矿物油、含多氯联苯废物、废酸、含重金属的废电池等
医疗部门	医院废物、医药废物、废药品等
实训室、商业和贸易部门、服务行业	废碱、废酸、废卤化溶剂、废非卤化溶剂、废矿物油、含重金属废物/液、废油漆、损坏、过期、不合格、废弃及无机的化学药品等
废物处理工艺	废碱、废酸、废卤化溶剂、废非卤化溶剂、废矿物油、含重金属废物/液、含有机卤化废物、废油漆、有机树脂类废物等

1.1.3 危险废物的分类

1. 目录式分类

目录式分类是根据经验和实训分析鉴定的结果，将危险废物的品名列成一览表，用以表明某种废物是否属于危险废物，再由国家管理部门以立法形式予以公布。由于国情的不同，因此每个国家的名录分类的依据有所差异。

中国是巴塞尔公约的第一批缔约国，几乎参与了巴塞尔公约的全部起草过程，并在1990年批准了该公约。

中国的《国家危险废物名录》依据《巴塞尔公约》将危险废物分为47个类别，编号是从HW01到HW47，主要是根据废物的成分、来源和特性来进行分类的。HW10，HW21，HW23，HW24，HW25，HW26，HW27，HW28，HW29，HW33，HW41等均属于按所含有毒成分来进行分类的。从来源看，医药方面就包含3个类别：医院临床废物（HW01）、医药废物（HW02）和废药物、药品（HW03）。按来源分的还有农药废物（HW04）、表面处理废物（HW17）等。

2. 按特性分类

中国危险废物按照危险特性可以大体分为易燃性废物、腐蚀性废物和反应性废物,见表 3-1-2。

表 3-1-2　中国部分危险废物按特性分类及其来源

危险特性	废物名称	废物来源
易燃性废物	废卤化溶剂	回收这些溶剂的蒸馏釜底物,废弃的工业化学产品、不合格产品、容器残留物和泄漏残留物
腐蚀性废物	废酸	冷轧带钢、糠醛生产过程、炼焦工艺、酸洗过程、集成电路处理过程的电解工艺、半导体部件制造过程、印刷制版过程、热处理、轴承生产过程等
	废碱	原油裂解、集成电路热处理、轴承生产过程、碱洗过程、中温淬火、电镀过程等
	钠渣	制钠过程
	废铬酸	皮革鞣制
	废对苯二甲酸	涤纶树脂生产过程与苯酐制造过程
	电石渣	乙炔生产过程
	硼泥	制硼酸与硼砂工艺
	锰泥	制高锰酸钾工艺
	白泥	造纸厂
反应性废物	含氰电镀废液	电镀过程产生的含氰的电镀槽废液
	含氰电镀污泥	使用氰化物的电镀过程,由镀槽底部产生
	含氰清洗槽废液	使用氰化物的电镀过程清洗槽的废液
	含氰的油浴淬火槽的残渣	使用氰化物的金属热处理过程油浴淬火槽产生
	含氰清洗废液	金属热处理过程清洗盐浴锅产生
	含丙烯腈的塔底馏出物	丙烯腈生产中废水汽提塔的底部流出物
	含乙腈的塔底馏出物	丙烯腈生产中乙腈塔的底部馏出物
	离心和蒸馏残渣	甲苯二异氰酸盐生产过程产生的离子和蒸馏残渣
	废水处理污泥	制造和加工爆炸品产生的废水处理污泥
	废炭	含爆炸品的废水在处理时产生的废炭
	粉红水/红水	TNT(三硝基甲苯)生产操作产生的粉红水/红水
	含氰化物废液	矿石金属回收过程氰化槽废液
	其他反应性废物	废弃的工业化学产品、不合格产品、容器残留物和泄漏残留物

3. 按物理和化学性质分类

按物理和化学性质分类,危险废物可分为无机危险废物、有机危险废物、油类危险废物、污泥危险废物等,见表 3-1-3。

表 3-1-3　按物理和化学性质分类的危险废物

分类号	废物名
无机危险废物	酸、碱、重金属、氰化物、电镀废水
有机危险废物	杀虫剂、石油类的烷烃和芳香烃、卤代物的卤代烃、卤代脂肪酸、卤代芳香烃化合物和多环芳香烃化合物
油类危险废物	润滑油、液压传动装置的液体、受污染的燃料油
污泥危险废物	金属工艺、油漆、废水处理等方面的污染物

1.1.4　危险废物的污染现状

近年来,危险废物对环境和健康的影响日益受到公众和法律的关注。危险废物中的有害物质不仅能造成直接的危害,还会在土壤、水体、大气等自然环境中迁移、滞留、转化,污染土壤、水体、大气等人类赖以生存的生态环境,从而最终影响到人体健康。随着经济的迅速发展,我国危险废物的产生量越来越大,种类繁多,性质复杂,且产生源数量分布广泛,管理难度较大。据中国环境状况公报公布的有关数据,我国每年产生危险废物在 1 000 万吨左右。虽有 67% 的危险废物得到利用,但利用还不尽合理,有些还造成二次污染。2015 年全国危险废物产生及处理情况见表 3-1-4。

表 3-1-4　2008 年全国工业固体废物及危险废物产生及处理情况

产生量/万吨	综合利用量/万吨	贮存量/万吨	处置量/万吨
3 976.1	2 049.1	810.3	1 174.0

注:摘自环境保护部发布的《2016 年全国大、中城市固体废物污染环境防治年报》。

1.2　危险废物的分析与鉴别

1.2.1　危险废物分析

1. 危险废物的危害

危险废物的危害概括起来有如下几点:

(1)短期急性危害。这指的是通过摄食、吸入或皮肤吸收引起急性毒性、腐蚀性,其他皮肤或眼睛接触的危害性,易燃易爆的危险性等,通常是事故性危险废物。例如,1986 年印度发生的博帕尔毒气泄漏事件,短时间造成异氰酸酯毒气大量泄漏,笼罩 25 km² 的区域,造成 3 000 余居民死亡,20 余万人受害中毒。

(2)长期环境危害。它起因于反复暴露的慢性毒性、致癌性(某种情况下由于急性暴露而会产生致癌作用,但潜伏期很长)、解毒过程受阻、对地下或地表水的潜在污染或美学上难以接受的特性(如恶臭)。例如,湖南衡阳一乡镇企业随意堆置炼砷废矿渣,造成当地地下饮用水水源的水质恶化,附近居民饮用水水源受污染。

(3)难以处理。对危险废物的治理需要花费巨额费用。根据发达国家经验,长期消除"过去的过失"费用相当昂贵;据统计,要多花费 10～1 000 倍费用才能消除过去遗留的危险废物。

2. 危险废物的表现形态

危险废物可能作为副产品、过程残渣、用过的反应介质、生产过程中被污染的设施或装置，以及废弃的制成品出现。

1.2.2　危险废物的鉴别

危险废物的鉴别是有效管理和处理、处置危险废物的首要前提。目前世界各国的危险废物鉴别方法因其危险废物性质和国内立法的不同而存在差异。通常的鉴别方法有两种，一种是名录法，另一种是特性法。

1. 名录法

与美国相似，中国的危险废物的鉴别是采用名录法和特性法相结合的方法。未知废物首先必须确定其是否属于《危险废物名录》中所列的种类。如果在名录之列，则必须根据《危险废物鉴别标准》来检测其危险特性，按照标准来判定具有哪类危险特性；如果不在名录之列，也必须按《危险废物鉴别标准》来判定该类废物是否属于危险废物和是否具有相应的危险特性。

2. 特性法

《危险废物鉴别标准》要求检测的危险废物特性为易燃性、腐蚀性、反应性、毒性（浸出毒性、急性毒性、毒性物质含量）、传染疾病性及放射性。

（1）易燃性。易燃性是指易于着火和维持燃烧的性质。但像木材和纸等废物不属于易燃性危险废物，只有废物具有以下特性之一，才称其为易燃性危险废物：

1）酒精含量低于 24%（体积分数）的液体，或闪点低于 60 ℃。

2）在标准温度和压力下，通过摩擦、吸收水分或自发性化学变化引起着火的非液体，着火后会剧烈地持续燃烧，造成危害。

3）易燃的压缩气体。

4）氧化剂。

（2）腐蚀性。腐蚀性是指易于腐蚀或溶解组织、金属等物质，且具有酸或碱的性质。当废物具有以下特性之一，则称其为腐蚀性危险废物：

1）水溶液的 pH 小于 2 或大于 12.5。

2）在 55 ℃下，其溶液腐蚀钢的速率大于等于 6.35 mm/a。

（3）反应性。反应性是指易于发生爆炸或剧烈反应，或反应时会挥发有毒的气体或烟雾的性质。废物具有以下特性之一，则称其为反应性危险废物：

1）通常不稳定，随时可能发生激烈变化。

2）与水发生激烈反应。

3）与水混合后有爆炸的可能。

4）与水混合后会产生大量的有毒气体、蒸气或烟，对人体健康或环境构成危害。

5）含氰化物或硫化物的废物，当其 pH 为 2.0～12.5 时，会产生危害人体健康或对环境有危害性的毒性气体、蒸气或烟。

6）密闭加热时，可能引发或发生爆炸反应。

7)标准温度压力下,可能引发或发生爆炸或分解反应。

8)运输部门法规中禁止的爆炸物。

(4)毒害性。毒害性是指废物产生可以污染地下水等饮用水水源的有害物质的性质。美国环境保护署(Environmental Protection Agency,EPA)规定了废物中各种污染物的极限浓度(表3-1-5)。如果废物中任意一种污染物的实测浓度高于表3-1-5中规定的浓度,则该废物被认定具有毒性。

表 3-1-5　毒性特征组分及其规定水平值

危险废物编号[①]	组　分	规定水平/(mg/L)	危险废物编号[①]	组　分	规定水平/(mg/L)
D004	砷	5.0	D032	六氯苯	0.13[③]
D005	钡	100.0	D033	六氯-1,3-丁三烯	0.5
D018	苯	0.5	D034	六氯乙烷	3.0
D006	镉	1.0	D008	铅	5.00
D019	四氯化碳	0.5	D013	高丙体六六六	0.4
D020	氯丹	0.03	D009	汞	0.2
D021	氯化苯	100.0	D014	甲氧基DDT	10.0
D022	氯仿	6.0	D35	甲基乙基酮	200.0
D007	铬	5.0	D036	硝基苯	2.0
D023	邻-甲酚	200.0[②]	D035	五氯酚	100.0
D024	间-甲酚	200.0[②]	D038	吡啶	5.0[③]
D025	对-甲酚	200.0[②]	D010	硒	1.0
D026	甲酚	200.0[②]	D011	银	5.0
D016	2,4-D	10.0	D039	四氯乙烯	0.7
D027	1,4-二氯苯	7.5	D015	毒杀酚	0.5
D028	1,2-二氯乙烷	0.5	D040	三氯乙烯	0.5
D029	1,1-二氯乙烯	0.7	D041	2,4,5-三氯酚	400.0
D030	2,4-二硝基甲苯	0.13[②]	D042	2,4,6-三氯酚	2.0
D012	氯甲桥萘	0.008	D017	2,4,5-TP	1.0
D031	七氯	0.008	D043	氯乙烯	0.2

说明:①危险废物编码;②如果不能区分邻、间和对甲酚的浓度,则用总甲酚的规定水平为200 mg/L;③定量限值大于计算的规定水平值,因此定量限值成为规定水平值。

【任务实施】

1. 实训准备

(1)实训材料:生活垃圾焚烧飞灰。

(2)浸出液制备:称取制备好的样品150～200 g,置于2 L提取瓶中,根据样品含水率,按液固比为10:1(L/kg)计算出所需浸提剂的体积,盖紧瓶盖后固定在翻转振荡器上振荡(18±2)h后,用压力容器进行过滤,具体过程与操作见《固体废物　浸出毒性浸出方法硫酸硝酸法》(HJ/T 299—2007)。

2. 实训结果处理分析

根据分析结果,对该废物的浸出毒性进行初步评价,浸出液中相应指标浓度超过《危险废物鉴别标准 浸出毒性》GB 5085.3—2007 中所列浓度限值(表 3-1-6),则可判定该废物是具有浸出毒性的危险废物。

表 3-1-6 浸出毒性鉴别标准值(无机元素及化合物)

序 号	危害成分项目	浸出液中危害成分浓度限值/(mg/L)
1	铜(以总铜计)	100
2	锌(以总锌计)	100
3	镉(以总镉计)	1
4	铅(以总铅计)	5
5	总铬	15
6	铬(六价)	5
7	烷基汞	不得检出
8	汞(以总汞计)	0.1
9	铍(以总铍计)	0.02
10	钡(以总钡计)	100
11	镍(以总镍计)	5
12	总银	5
13	砷(以总砷计)	5
14	硒(以总硒计)	1
15	无机氟化物(不包括氟化钙)	100
16	氰化物	5

【考核与评价】

考查学生实训准备、操作、结果分析关键技能,评价实训效果。
实训成果:实训报告。

【讨论与拓展】

讨论交流实训过程,探讨提高实训准确性的方法,对各组固体废物毒性进行对比。

任务 2 固体废物腐蚀性鉴别

【任务描述】

本实训的任务是用 pH 玻璃电极法(pH 的测定范围为 0~14)测定废物的 pH,以鉴别其腐蚀性。本实训方法适用于固态、半固态废物的浸出液和高浓度液体的 pH 的测定。

【知识点】

相应标准:《危险废物鉴别标准腐蚀性鉴别》。

用玻璃电极为指示电极,饱和甘汞电极为参比电极组成电池。在 25 ℃ 条件下,氢离子活度将变化 10 倍,使电动势偏移 59.16 mV。许多 pH 计上有温度补偿装置,可以校正温度的差异。为了提高测定的准确度,校准仪器选用的标准缓冲溶液的 pH 应与试样的 pH 接近。消除干扰的方法是:①当废物浸出液的 pH 大于 10 时,钠差效应对测定有干扰,采用低(消除)钠差电极,或者用与浸出液的 pH 接近的标准缓冲溶液对仪器进行校正;②电极表面被油脂或者粒状物质沾污会影响电极的测定,可用洗涤剂清洗,或用(1+1)的盐酸溶液除尽残留物,然后用蒸馏水冲洗干净;③由于在不同的温度下,电极的电势输出不同,温度变化也会影响样品的 pH,因此必须进行温度补偿。温度计与电极应同时插入待测溶液中,在报告测定的 pH 时,同时报告测定时的温度。

【任务实施】

1. 实训仪器及材料准备

(1)混合容器:容积为 2 L 的带密封塞的高压聚乙烯瓶。

(2)振荡器:往复式水平振荡器。

(3)过滤装置:市售成套过滤器,纤维滤膜孔径为 $\Phi 0.45~\mu m$。

(4)蒸馏水或去离子水。

(5)pH 计:各种型号的 pH 计或离子活度计,精度 ±0.02。

(6)玻璃电极:消除钠差电极。

(7)参比电极:甘汞电极、银/氯化银电极或者其他具有固定电势的参比电极。

(8)磁力搅拌器以及用聚四氟乙烯或者聚乙烯等材料包裹的搅拌棒。

(9)温度计或有自动补偿功能的温度敏感元件。

(10)试剂:一级标准缓冲剂的盐,在要求很高准确度的场合下使用。由这些盐制备的缓冲溶液需用低电导率、不含 CO_2 的水,而且这些溶液至少每月更换一次。二级标准缓冲溶剂的盐,可用国家认可的标准缓冲溶液,用低电导率(低于 2 $\mu s/cm$)并除去 CO_2 的水配制。

2. 浸出液的准备

(1)称取 100 g 试样(以干基计,固体试样风干,磨碎后应能通过 $\Phi 5~mm$ 的筛孔),置于浸取用的混合容器中,加水 1 L(包括试样的含水量)。

（2）将浸取用的混合容器垂直固定在振荡器上，振荡频率调节为（110±10）次/min，振幅为 40 mm，在室温下振荡 8 h，静置 16 h。

（3）通过过滤装置分离固液相，滤后立即测定滤液的 pH。如果固体废物中固体的含量小于 0.5%，则不经过浸出步骤，直接测定溶液的 pH。

3. pH 的测定

（1）按仪器的使用说明书做好测定的准备。

（2）如果样品和标准缓冲溶液的温差大于 2 ℃，则测量的 pH 必须校正。可通过仪器所带的自动或手动补偿装置进行，也可预先将样品和标准缓冲溶液（各种 pH 标准缓冲溶液的配制见表 3-2-1）在室温下平衡达到同一温度，记录测定的结果。

（3）宜选用与样品的 pH 相差不超过 2 个 pH 单位的两种标准缓冲溶液（两者相差 3 个 pH 单位）校准仪器。用第一种标准缓冲溶液定位后，取出电极，彻底洗干净，并用滤纸吸取水分，再浸入第二种标准缓冲溶液进行校核。校核值应在标准的允许范围内，否则就应检查仪器、电极或校核缓冲溶液是否有问题，当校核无问题后，方可测定样品。

（4）如果现场测定含水量高、呈流态状的稀泥或浆状物料（如薄浆）等的 pH，则电极可直接插入样品，其深度应适当并可移动，保证有足够的样品通过电极的敏感元件。

（5）对黏稠状物料应先离心或过滤，后测定溶液的 pH。

（6）对粉、粒、块状物料，取其浸出液进行测定。将样品或标准缓冲溶液倾倒入清洁烧杯中，其液面应高于电极的敏感元件，放入搅拌子，将清洁干净的电极插入烧杯中，以缓和、固定的速率搅拌或摇动使其均匀，待读数稳定后记录其 pH。重复测定 2～3 次，直到 pH 变化小于 0.1 个 pH 单位。

表 3-2-1　各种 pH 标准缓冲液的配制

标准缓冲溶液	pH (25 ℃)	试剂	试剂纯度	每 1 000 mL 水溶液中的含量/g	溶液浓度/ (mol/L)
邻苯二甲酸氢钾缓冲溶液	4.008	邻苯二甲酸氢钾	分析纯	10.12	0.049 58
磷酸型缓冲溶液	6.865	磷酸二氢钾	分析纯	3.388	0.024 9
		磷酸氢二钠	分析纯	3.533	0.042 90
硼酸钠缓冲溶液	9.180	硼酸钠	分析纯	3.80	0.009 971

4. 数据处理与报告

（1）每个样品至少做 3 个平行实训，其标准差不超过 ±0.15 个 pH 单位，取算术平均值报告实训结果

（2）当标准差超过规定范围时，必须分析并报告原因。

（3）此外，还应说明环境温度、样品来源、粒度级配、实训过程的异常现象以及特殊情况下实训条件的改变及原因等。

5. 注意事项

（1）可用复合电极，但新的、长期未使用的复合电极或玻璃电极在使用前应在蒸馏水中

浸泡 24 h 以上,用毕冲洗干净,浸泡在水中。

（2）甘汞电极的饱和氯化钾溶液的液面必须高于汞体,并有适量氧化钾晶体存在,以保证氯化钾溶液的饱和,且使用前必须先拔掉上孔胶塞。

（3）每次测定样品之前应充分冲洗电极,并用滤纸吸去水分,或用试样冲洗电极。

【考核与评价】

考查学生实训准备、操作、实训结果分析等关键技能,评价实训效果。

实训成果:实训报告。

【讨论与拓展】

讨论交流实训过程,探讨使用 pH 计测量溶液 pH 过程中,会影响测量结果的主要因素和减少、消除实训误差的方法。

任务 3   指导企业规范化贮存及转移危险废物

【任务描述】

企业产生的危险废物,按有关规定必须进行规范贮存及转移。如果你作为企业的环境监督员,必须指导企业有关人员对本企业产生的危险废物进行规范化贮存;如果需要进行转移处理,则必须指导企业进行规范转移。

【知识点】

3.1   危险废物的收集与贮存

3.1.1   危险废物的收集

危险废物的收集指持有危险废物经营许可证,专门从事危险废物收集的单位,将其他企事业单位产生的危险废物收集后暂存在其所设的防扬散、防流失、防渗漏的贮存场所,并适时转移至持有危险废物经管许可证的单位进行利用、处置的行为。

危险废物要根据其成分,用符合国家标准的专门容器分类收集。所谓分类收集,是指根据废物的特点、数量、处理和处置的要求分别收集。居民生活、办公和第三产业产生的危险废物(如部分废电池、废日光灯管等)应与生活垃圾分类收集,通过分类收集提高其回收利用和无害化处理处置率,逐步建立和完善社会源危险废物的回收网络。

3.1.2   危险废物的标识

危险废物的产生除按规定收集、按运输要求包装外,在危险废物的包装上还应贴上标签或放置一张记录废物特性的卡片。

在容器上的标签必须显示标明危险废物的种类和特性,且必须要醒目。图 3-3-1 所示

图 3-3-1   危险废物容器指示标签

为美国运输部(Department of Transportation,DOT)指定的必须粘贴在装有危险废物的容器外的指示标签。

3.1.3　危险废物的贮存

对已产生的危险废物,若暂时不能回收利用或进行处理处置的,其产生单位须建设专门的危险废物贮存设施进行贮存,并设立危险废物标志,或委托具有专门危险废物贮存设施的单位进行贮存,但贮存期限不得超过国家规定。贮存危险废物的单位需拥有相应的许可证。禁止将危险废物以任何形式转移给无许可证的单位,或转移到非危险废物贮存设施中。危险废物贮存设施应有相应的配套设施,并按有关规定进行管理。

1. 危险废物的贮存方式和类型

危险废物贮存是指危险废物再利用或无害化处理和最终处置前的存放行为。危险废物的贮存方式可分为集中贮存、隔离贮存、隔开贮存和分离贮存。集中贮存是指为危险废物集中处理、处置而附设贮存设施或设置区域性贮存设施的贮存方式;隔离贮存是指在同一房间或同一区域内,不同的物料之间分开一定距离,非禁忌物料间用通道保持空间的贮存方式;隔开贮存是指在同一建筑或同一区域内,用隔板或墙将其与禁忌物料隔离的贮存方式;分离贮存是指在不同的建筑或远离所有建筑的外部区域内的贮存方式。

危险废物贮存的类型主要有贮存容器、贮罐、地表蓄水池、填埋、废物堆栈、深井灌注等。

贮存容器是危险废物贮存最常用的形式之一,它指任何可移动的装置,物料在其中被贮存、运输、处理或管理。

贮罐是用于贮存或处理危险废物的固定设备,因为它可累积大量的物料,有时可达数万加仑,所以广泛应用于危险废物的贮存或累积。

地表蓄水池是一种天然的下沉地形结构,人造坑洞,或是主要由土质材料建造的堤防围起的区域(尽管可能衬有人造材料),被用于处理、贮存或处置液态危险废物,如贮水塘、贮水井和固定塘。

填埋是一种可以在土地上或土地中安置非液态危险废物的处置类型。

废物堆栈是一种处理或贮存非液态危险废物的露天堆栈。对这种装置的要求与对填埋的要求很相似,但不同的是,废物堆栈只可被用于暂时的贮存和处理,不能用于处置。

深井灌注是指把液状废物注入地下与饮用水和矿脉层隔开的可渗透性的岩层中。在某些情况下,它是处置某些有害废物的安全处置方法。

2. 危险废物贮存容器的要求

对于危险废物贮存容器,除了使用符合标准的容器盛装危险废物外,还应注意危险废物与贮存容器的相容性。盛装危险废物的容器材质和衬里要与危险废物相容,如塑料容器不应用于贮存废溶剂。对于反应性危险废物,如含氰化物的废物,必须装在防湿防潮的密闭容器中,否则,一旦遇水或酸,就会产生化氰化氢剧毒气体。对于腐蚀性危险废物,为防止容器泄漏,必须装在衬胶、衬玻璃或塑料的容器中,甚至用不锈钢容器。对于放射性危险废物,必须选择有安全防护屏蔽的包装容器。装载危险废物的容器及材质要满足相应的强度要求,而且必须完好无损,以防止泄露。液体危险废物可注入开孔直径不超过70 mm并有放气孔的桶中进行贮存。盛装危险废物的容器上必须按《危险废物贮存污染控制标准》(GB

18597—2001)的有关规定贴上相应的标签。危险废物的贮存容器也必须满足相应的强度要求,清洁、无锈、无擦伤及损坏。

3.1.4 危险废物贮存设施的管理

1. 危险废物贮存设施的运行与管理

(1)从事危险废物贮存的单位,必须得到有资质单位出具的该危险废物样品的物理和化学性质的分析报告,认定可贮存后,方可接收。

(2)危险废物贮存前必须进行检验,确保同预定接收的危险废物一致,并登记注册。

(3)从事危险废物贮存的单位不得接收未粘贴符合《危险废物贮存污染控制标准》(GB 18597—2001)的有关规定的标签或标签没按规定填写的危险废物。

(4)盛装在容器内的同类危险废物可以堆叠存放。

(5)每个堆间应留有搬运通道。

(6)不得将不相容的危险废物混合或合并存放。

(7)危险废物产生者和危险废物贮存设施经营者均须做好危险废物情况的记录,记录上须注明危险废物的名称、来源、数量、特性和包装容器的类别、入库日期、存放单位、危险废物出库日期及接收单位名称。危险废物的记录和货单在危险废物取回后应继续保留 3 年,以备核查。

(8)贮存设施经营者必须定期对所贮存的危险废物包装容器及贮存设施进行检查,发现破损应及时采取措施清理更换。

(9)泄漏液、清洗液、浸出液必须《符合污水综合排放标准》(GB 8978—1996)的要求方可排放,气体导出口排出的气体经处理后,应满足《大气污染物综合排放标准》(GB 16297—1996)和《恶臭污染物排放标准》(GB 14554—1993)的要求。

2. 危险废物贮存设施的安全防护与监测

(1)危险废物贮存设施都必须按《环境保护图形标志 固体废物贮存(处置)场》(GB 15562.2—1995)的规定设置警示标志。

(2)危险废物贮存设施周围应设置围墙或其他防护栅栏。

(3)危险废物贮存设施应配备通信设备、照明设施、安全防护服装及工具,并设有应急防护设施。

(4)危险废物贮存设施内清理出来的泄漏物,一律按危险废物处理。

(5)危险废物管理者必须按国家污染源管理要求对危险废物贮存设施进行监测。

3.2 危险废物的运输

运输是指从危险废物产生地移至处理或处置地的过程。危险废物的运输需选择合适的容器、确定装载方式、选择适宜的运输工具、确定合理的运输路线以及制定泄漏或临时事故的补救措施。

3.2.1 危险废物运输容器

装运危险废物的容器应根据危险废物的不同特性而设计,不易破损、变形老化,能有效地防止渗漏、扩散。装有危险废物的容器必须贴有标签,在标签上详细标明危险废物的名称、重量、成分、特性以及发生泄漏、扩散污染事故时的应急措施和补救方法。采用安全高效的危险废物运输系统及各种形式的专用车辆,运输车辆需有特殊标志。

危险废物运输者将危险废物从其产生地运输至最终的处理处置点,在危险废物管理系统中扮演了一个十分重要的角色,是废物生产与最终处理、贮存者之间的关键环节。对普通运输者的规定并不适用于从事生产现场危险废物运输的运输者,因为他们所运输的废物在生产现场接受处理处置。但必须注意的是,操作人员和运输者必须避免在生产现场附近的公共道路上运输危险废物。

3.2.2　危险废物的运输要求

《中华人民共和国固体废物污染环境防治法》规定,运输危险废物必须采取防止污染环境的措施,并遵守国家有关危险废物运输管理的规定。运输单位和个人在运输危险废物过程中,必须采取防扬散、防流失、防渗漏或其他防止污染环境的措施。禁止将危险废物与旅客在同一运输工具上载运。

3.2.3　危险废物的运输管理

危险废物的运输管理是指危险废物收集过程中的运输和收集后运送到中间贮存处理或处置厂(场)的过程所需实行的污染控制。在运输危险废物时,对装载操作人员和运输者要进行专门的培训,并进行有关危险废物的装卸技术和运输中的注意事项等方面的知识教育,同时配备必要的防护工具,以确保操作人员和运输者的安全。对危险废物的运输,工作人员要使用专用的工作服、手套和眼镜。对易燃或易爆炸性固体废物,应当在专用场地上操作,场地要装配防爆装置和消除静电设备。对于毒性、生物毒性以及可能具有致癌作用的固体废物,为防止固体废物与皮肤、眼睛或呼吸道接触,操作人员必须佩戴防毒面具。对于具有刺激性或致敏性的固体废物,也必须使用呼吸道防护器具。

公路运输是危险废物常用的运输方式。运输必须是接受过专门培训并持有证明文件的司机和拥有专用或适宜运输的车辆,即运输车辆必须经过主管单位的检查,并持有有关单位签发的许可证。指定运输废物的车辆,应标有适当的危险符号,以引起关注。运输者必须持有有关运输材料的必要资料,并制定废物泄露情况的应急措施,防止意外事故的发生。运输危险废物,必须采取防止污染环境的措施,并遵守国家有关危险货物运输管理的规定。经营者在运输前应认真验收运输的废物是否与运输单相符,绝不允许有互不相容的危险废物混入。同时检查包装容器是否符合要求,查看标记是否清楚,尽可能熟悉产生者提供的偶然事故的应急补救措施。为了保证运输的安全性,运输者必须按照有关规定装载和堆积废物,若发生撒落、泄露及其他意外事故,运输者必须立即采取应急补救措施,妥善处理,并向环境保护行政主管部门呈报。在运输完之后,经营者必须认真填写危险废物转移联单,包括日期、车辆车号、运输许可证号、所运的废物种类等,以便接受主管部门的监督管理。

3.3　危险废物的转移

3.3.1　转移危险废物的污染防治

危险废物的越境转移应遵从《控制危险废物越境转移及其处置的巴塞尔公约》的要求，危险废物的国内转移应遵从《危险废物转移联单管理办法》及其他有关规定的要求。

各级环境保护行政主管部门应按照国家和地方制定的危险废物转移管理办法对危险废物的流向进行有效控制，禁止在转移过程中将危险废物排放至环境中。

3.3.2　危险废物的国内转移

为加强对危险废物转移的有效监督，中国于 1999 年 10 月 1 日开始实施《危险废物转移联单管理办法》。管理办法规定国务院环境保护行政主管部门对全国危险废物转移联单实施统一监督管理，各省、自治区人民政府环境保护行政主管部门对本行政区域内的联单实施监督管理。

危险废物产生单位在转移危险废物前，须按照国家有关规定报批危险废物转移计划；经批准后，产生单位应当向移出地环境保护行政主管部门申请领取联单。产生单位应当在危险废物转移前 3 日内报告移出地环境保护行政主管部门，并同时将预期到达时间报告接受地环境保护行政主管部门。

转移联单共分 5 联，第一联白色，第二联红色，第三联黄色，第四联蓝色，第五联绿色。联单编号由 10 位阿拉伯数字组成，第一位、第二位数字为省级行政区划代码，第三位、第四位数字为省辖市级行政区划代码，第五位、第六位数字为危险废物类别代码，其余 4 位数字由发放空白联单的危险废物移出地省辖市级人民政府环境保护行政主管部门按照危险废物转移流水号依次编制。联单由直辖市人民政府环境保护行政主管部门发放的，其编号第三位、第四位数字为零。

危险废物产生单位每转移一车、船（次）同类危险废物，应当填写一份联单。危险废物产生单位应当如实填写联单中产生单位栏目，并加盖公章，经交付危险废物运输单位核实签字后，将联单第一联副联自留存档，将联单第二联副联交移出地环境保护行政主管部门，联单其余各联交付运输单位随危险废物转移运行。

危险废物运输单位应当如实填写联单的运输单位栏目，按照国家有关危险物品运输的规定，将危险废物安全运抵联单载明的接受地点，并将联单第一联副联、第二联副联、第三联、第四联、第五联随转移的危险废物交付危险废物接受单位。

危险废物接受单位应当按照联单填写的内容对危险废物核实验收，如实填写联单中接受单位栏目并加盖公章。接受单位应当将联单第一联副联、第二联副联自接受危险废物之日起 10 日内交付产生单位，联单第一联副联由产生单位自留存档，联单第二联副联由产生单位在两日内报送移出地环境保护行政主管部门；接受单位将联单第三联交付运输单位存档，将联单第四联自留存档，将联单第五联自接受危险废物之日起两日内报送接受地环境保护行政主管部门。

转移危险废物采用联运方式的，前一运输单位须将联单各联交付后一运输单位随危险废物转移运行，后一运输单位必须按照联单的要求核对联单产生单位栏目事项和前一运输单位填写的运输单位栏目事项,经核对无误后填写联单的运输单位栏目并签字。经后一运输单位签字的联单第三联的复印件由前一运输单位自留存档,经接受单位签字的联单第三联由最后一运输单位自留存档。

联单保存期限为 5 年;贮存危险废物的,其联单保存期限与危险废物贮存期限相同。

3.3.3 危险废物的越境转移

危险废物由一国向另一国转移的事件时有发生,但危险废物及其他废物的越境迁移对人类和环境可能造成严重的损害,为了防止或减少其危害,1989 年 3 月,34 个国家签署了《控制危险废物越境转移及其处置的巴塞尔公约》。公约的目标在于加强各国在控制危险废物越境迁移和处置方面的合作,促进环境安全管理,保护环境和人类健康。

1. 巴塞尔公约的基本原则

首先,所有国家都应禁止输入危险废物;其次,应尽量减少危险废物的产生量;再次,对于不可避免而产生的危险废物,应尽可能以对环境无害的方式处置,并应尽量在产生地处置,同时须帮助发展中国家建立起最有效的管理危险废物的能力;最后,只有在特殊情况下,即当危险废物产生国没有合适的处置设施时,才允许将危险废物出口到其他国家,并以对人体健康和环境更为安全的方式处置。

2. 控制危险废物越境转移的措施

为控制危险废物的越境转移,公约主要采取以下措施:

第一,缔约国有权禁止危险废物的出口。

第二,建立通知制度,即在酝酿进行危险废物的越境转移时,必须将有关危险废物的详细资料通过出口国主管部门预先通知进口国和过境国的主管部门,以便有关主管部门对转移的风险进行评价。通知制度是公约的核心内容。

第三,只有在得到进口国和过境国主管部门书面答复同意后,才能允许开始危险废物的越境转移。

第四,如果进口国没有能力对进口的危险废物以对环境无害的方式进行处理,出口国的主管当局有责任拒绝危险废物的出口。

第五,缔约国不得允许向非缔约国出口或从非缔约国进口危险废物,除非有双边、多边或区域协定,而且这些协定与公约的规定相符。

【任务实施】

(1)模拟填写危险废物转移的"五联单"。
(2)制定危险废物贮存管理制度。

【考核与评价】

考查学生对危险废物全过程管理的理解,锻炼学生知识综合运用能力及文字组织能力。实训成果:填写五联单和管理制度。

【讨论与拓展】

讨论交流实训过程,探讨专业知识如何应用。

任务 4　危险废物无害化与稳定化试验(选学)

【任务描述】

　　龙岩新东阳环保净化有限公司生活垃圾焚烧发电厂焚烧垃圾产生飞灰量约占焚烧垃圾量的 5%。根据《生活垃圾填埋场污染控制标准》(GB 16889—2008),生活垃圾焚烧飞灰经过无害化、稳定化处理达到要求后可以进入生活垃圾填埋场分区填埋,因此应该探讨生活垃圾焚烧飞灰无害化、稳定化的技术和方法。

【知识点】

4.1　危险废物处理技术

4.1.1　固化/稳定化处理技术概述

　　固化/稳定化处理技术作为废物最终处置的预处理技术在国内外的应用非常广泛,尤其是处理重金属废物和其他非金属危险废物的重要手段。

1. 固化/稳定化处理的目的

　　固化/稳定化处理的目的在于改变废物的工程特性,即增加废物的机械强度,减少废物的可压缩性和渗透性,降低废物中有毒有害组分的毒性(危害性)、溶解性和迁移性,使有害物质转化成物理或化学特性更加稳定的物质,以便于废物的运输、处置和利用,降低废物对环境与健康的风险。

2. 固化/稳定化处理的定义

　　固化/稳定化处理的过程是污染物经过化学转变,引入某种稳定的固体物质的晶格中去,或者通过物理过程把污染物直接渗入惰性基材中去。固化时所用的惰性材料叫固化剂,有害废物经过固化处理所形成的块状密实体称为固化体。

3. 固化/稳定化处理的基本要求

　　(1)固化体是密实的、具有一定几何形状和稳定的物理化学性质,有一定的抗压强度。

　　(2)有毒有害组分浸出量满足相应标准要求,即符合浸出毒性标准。

　　(3)固化体的体积尽可能小,即体积增率尽可能地小于掺入的固体废物的体积。

　　(4)处理工艺过程简单、便于操作、无二次污染,固化剂来源丰富、价廉易得、处理费用或成本低廉。

　　(5)固化体要有较好的导热性和热稳定性,以防内热或外部环境条件改变造成固化体自融化或结构破损,污染物泄漏,尤其是放射性废物的固化体,还要有较好的耐辐照稳定性。

4.1.2　危险废物固化处理方法

　　根据固化基材及固化过程,目前常用的固化处理方法主要包括水泥固化、石灰固化、塑性材料固化、有机聚合物固化、自胶结固化、熔融固化（玻璃固化）和陶瓷固化。这些方法已用于处理许多废物。

1. 水泥固化

水泥是最常用的危险废物稳定剂。由于水泥是一种无机胶结材料，经过水化反应后可以生成坚硬的水泥固化体，因此在处理废物时最常用的是水泥固化技术。

水泥固化法应用实例比较多：以水泥为基础的固化/稳定化技术已经用来处置含不同金属的电镀污泥，诸如含 Cd，Cr，Cu，Pb，Ni，Zn 等金属的电镀污泥；水泥也用来处理复杂的污泥，如多氯联苯（氯化联苯；PCBs）、油和油泥，含有氯乙烯和二氯乙烷的废物，多种树脂，被固化/稳定化的塑料、石棉、硫化物以及其他物料。实践证明，用水泥进行的固化/稳定化处置对 As，Cd，Cu，Pb，Ni，Zn 等的稳定化是有效的。

（1）水泥固化基材及添加剂。水泥是一种无机胶结材料，由大约 4 份石灰质原料与 1 份黏土质原料制成，其主要成分为 SiO_2，CaO，Al_2l_3 和 Fe_3O_2，水化反应后可形成坚硬的水泥石块，可以把分散的固体填料（如沙石）牢固地黏结为一个整体。

由于废物组成的特殊性，水泥固化过程中常常会遇到混合不均、凝固过早或过晚、操作难以控制等困难，同时所得固化产品的浸出率高、强度较低。为了改善固化产品的性能，固化过程中需视废物的性质和对产品质量的要求，添加适量的必要添加剂。添加剂分为有机添加剂和无机添加剂两大类，无机添加剂有蛭石、沸石、多种黏土矿物、水玻璃、无机缓凝剂、无机速凝剂、骨料等；有机添加剂有硬脂肪酸丁酯、δ-糖酸内脂、柠檬酸等。

（2）水泥固化的工艺过程。水泥固化工艺较为简单，通常是把有害固体废物、水泥和其他添加剂一起与水混合，经过一定的养护时间而形成坚硬的固化体。固化工艺的配方是根据水泥的种类处理要求以及废物的处理要求制定的，大多数情况下需要进行专门的实训。对于废物稳定化的最基本要求是对关键有害物质的稳定效果，它是通过低浸出速率体现的。除此之外，还需要达到一些特定的要求。影响水泥固化的因素很多，为在各种组分之间得到良好的匹配性能，在固化操作中需要严格控制以下各种条件：

1）pH。当 pH 较高时，许多金属离子将形成氢氧化钠沉淀，且 pH 较高时，水中的 CO_3^{2-} 浓度也高，有利于生成碳酸盐沉淀。

2）水、水泥和废物的量比。水分过小，则无法保证水泥的充分水合作用；水分过大，则会出现泌水现象，影响固化块的强度。水泥与废物之间的量比需要由实验确定。

3）凝固时间。为确保水泥废物混合浆料能够在混合以后有足够的时间进行输送、装桶或者浇注，必须适当控制初凝时间和终凝时间。通常设置的初凝时间大于 2 h，终凝时间在 48 h 以内。凝结时间的控制是通过加入促凝剂（偏氯酸钠、氯化钙、氢氧化铁等无机盐）、缓凝剂（有机物、泥沙、硼酸钠等）来完成的。

4）其他添加剂。为使固化体达到良好的性能，还经常加入其他成分。例如，过多的硫酸盐会由于生成水化硫酸铝钙而导致固化体的膨胀和破裂，如加入适当数量的沸石或蛭石，即可消耗一定的硫酸或硫酸盐。为减小有害物质的浸出速率，也需要加入某些添加剂，如可加入少量硫化物以有效地固定重金属离子等。

5）固化块的成型工艺。主要目的是达到预定的机械强度，尤其是当准备利用废物处理后的固化块作为材料时,达到预定强度的要求就变得十分重要,通常需要达到 10 MPa 以上的指标。

(3)混合方法及设备。水泥固化混合方法的经验大部分来自核废物处理,近来逐渐应用于危险废物。混合方法的确定需要考虑废物的具体特性。

1)外部混合法。将废物、水泥、添加剂和水单独在混合器中进行混合,经过充分搅拌后注入处置容器中。该法需要设备较少,可以充分利用处置容器的容积,但在搅拌混合以后的混合器需要洗涤,不但耗费人力,还会产生一定数量的洗涤废水。

2)容器内混合法。直接在最终处置使用的容器内进行混合,然后用可移动的搅拌装置混合。其优点是不产生二次污染物,但由于处置所用的容器体积有限(通常为 200 L 的桶),不但充分搅拌困难,而且势必需要留下一定的无效空间;大规模应用时,操作的控制也较为困难。该法适用于处置危害性大但数量不太多的废物,如放射性废物。

3)注入法。对于原来的粒度较大或粒度十分不均匀、不便进行搅拌的固体废物,可以先把废物放入桶内,然后再将制备好的水泥浆料注入。如果需要处理液态废物,也可以同时将废液注入。为了混合均匀,可以将容器密封以后放置在以滚动或摆动的方式运动的台梁上。但应该注意的是,有时物料的拌和过程会产生气体或放热,从而提高容器的压力。此外,为了达到混匀的效果,容器不能完全充满。

2. 石灰/粉煤灰固化

石灰固化是指以石灰、垃圾焚烧飞灰、水泥窑灰、熔矿炉炉渣等具有火山灰反应或波索来反应(Pozzolanic reaction)的物质为固化基材而进行的危险废物固化/稳定化的操作。常用的技术是以加入氢氧化钙(熟石灰)的方法使污泥得到稳定。使用石灰作为稳定剂也和使用烟道灰一样具有提高 pH 的作用。此种方法也应用于处理重金属污泥等无机污染物。

3. 塑性材料固化

塑性材料固化法属于有机性固化/稳定化处理技术,根据使用材料的性能不同可以把该技术划分为热固性塑料包容和热塑性材料包容两种方法。

(1)热固性塑料包容。热固性塑料是指在加热时会从液体变成固体并硬化的材料。它与一般物质的不同之处在于,这种材料即使以后再次加热也不会重新液化或软化。它实际上是一种由小分子变成大分子的交链聚合过程。危险废物也常常使用热固性有机聚合物达到稳定化。它是用热固性有机单体如脲醛和已经经过粉碎处理的废物充分混合,在助絮剂和催化剂的作用下产生聚合以形成海绵状的聚合物质,从而在每个废物颗粒的周围形成一不透水的保护膜。与其他方法相比,该法的主要优点是,大部分引入较低密度的物质,所需要的添加剂数量也较小。热固性塑料包容法在过去曾是固化低水平有机放射性废物(如放射性离子交换树脂)的重要方法之一,同时也可用于稳定非蒸发性的、液体状态的有机危险废物。由于需要对所有废物颗粒进行包封,在适当选择包容物质的条件下,可以达到十分理想的包容效果。

此方法的缺点是操作过程复杂,热固性材料自身价格高昂。由于操作中有机物的挥发,容易引起燃烧起火,因此通常不能在现场大规模应用。可以认为该法只能处理小量、高危害性废物,如剧毒废物、医院或研究单位产生的小量放射性废物等。不过,仍然有人认为,未来也可能在对有机物污染土地的稳定化处理方面有大规模应用的前途。

（2）热塑性材料包容。用热塑性材料包容时可以用熔融的热塑性物质在高温下与危险废物混合，以达到对其稳定化的目的。可以使用的热塑性物质有沥青、石蜡、聚乙烯、聚丙烯等。在冷却以后，废物就被固化的热塑性物质所包容，包容后的废物可以经过一定的包装后进行处置。在20世纪60年代末期所出现的沥青固化，因为处理价格较为低廉，即被大规模应用于处理放射性的废物。由于沥青具有化学惰性，不溶于水，且具有一定的可塑性和弹性，故对于废物具有典型的包容效果。在有些国家，该法被用来处理危险废物和放射性废物的混合废物，但处理后的废物是按照放射性废物的标准处置的。

该法的主要缺点是在高温下进行操作会带来很多不便之处，而且较耗费能量；操作时会产生大量的挥发性物质，其中有些是有害的物质；有时在废物中含有影响稳定剂的热塑性物质或者某些溶剂，影响最终的稳定效果。

操作时通常是先将废物干燥脱水，然后将聚合物与废物在适当的高温下混合，并在升温的条件下将水分蒸发掉。该法可以使用间歇式工艺，也可以使用连续操作的设备。与水泥等无机材料的固化工艺相比，除了污染物的浸出率低外，由于需要的包容材料少，又在高温下蒸发了大量的水分，因此它的增容率也就较低。

4. 自胶结固化

自胶结固化是利用废物自身的胶结特性来达到固化目的的方法。该技术主要用来处理含有大量 $CaSO_4$ 和 $CaSO_3$ 的废物，如磷石膏、烟道气脱硫废渣等。废物中的二水合石膏的含量最好高于80%。废物中所含有的 $CaSO_4$ 与 $CaSO_3$ 均以二水化物的形式存在，即 $CaSO_4 \cdot 2H_2O$ 与 $CaSO_3 \cdot 2H_2O$，将它们加热到107～170 ℃，即达到脱水温度，此时将逐渐生成 $CaSO_3 \cdot 0.5H_2O$ 和 $CaSO_3 \cdot 0.5H_2O$，这两种物质遇到水以后，会重新恢复为二水化物，并迅速凝固和硬化。将含有大量 $CaSO_4$ 和 $CaSO_3$ 的废物在控制的温度下煅烧，然后与特制的添加剂和填料混合成为稀浆，经过凝结硬化过程即可形成自胶结固化体。这种固化体具有抗渗透性高、抗微生物降解和污染物浸出低的特点。

自胶结固化法的主要优点是工艺简单，不需要加入大量添加剂。该法已经在美国大规模应用。美国泥渣固化技术公司（SFT）利用自胶结固化原理开发了一种名为 Terra-Crete 的技术，用以处理烟道气脱硫的泥渣。其工艺流程是：首先将泥渣送入沉降槽，进行沉淀后再将其送入真空过滤器脱水；得到的滤饼分为两路处理，一路送到混合器，另一路送到煅烧器进行煅烧，经过干燥脱水后转化为胶结剂，并被送到贮槽储藏；最后将煅烧产品、添加剂、粉煤灰一并送到混合器中混合，形成黏土状物质。添加剂与煅烧产品在物料总量中的比例应大于10%，固化产物可以送到填埋场处置。

5. 固化/稳定化技术的适应性

不同种类的废物对不同固化/稳定化技术的适应性不同，具体情况见表3-4-1。

表 3-4-1　不同种类的废物对不同固化/稳定化技术的适应性

废物成分		处理技术			
		水泥固化	石灰等材料固化	热塑性微包容法	大型包容法
有机物	有机溶剂和油	影响凝固,有机气体挥发	影响凝固,有机气体挥发	加热时有机气体会逸出	先用固体基料吸附
	固态有机物(如塑料、树脂、沥青)	可适应,能提高固化体的耐久性	可适应,能提高固化体的耐久性	有可能作为凝结剂来使用	可适应,可作为包容材料使用
无机物	酸性废物	水泥可中和酸	可适应,能中和酸	应先进行中和处理	应先进行中和处理
	氧化剂	可适应	可适应	会引起基料的破坏甚至燃烧	会破坏包容材料
	硫酸盐	影响凝固,除非使用特殊材料,否则会引起表面剥落	可适应	会发生脱水反应和再水合反应引起泄漏	可适应
	卤化物	很容易从水泥中浸出,妨碍凝固	妨碍凝固,会从水泥中浸出	会发生脱水反应和再水合反应	可适应
	重金属盐	可适应	可适应	可适应	可适应
	放射性	可适应	可适应	可适应	可适应

4.1.3　药剂稳定化处理技术

1. 概　述

药剂稳定化是利用化学药剂通过化学反应使有毒有害物质转变为低溶解性、低迁移性及低毒性物质的过程。

用药剂稳定化来处理危险废物,根据废物中所含重金属的种类可以采用的稳定化药剂有石膏、漂白粉、硫代硫酸钠、硫化钠和高分子有机稳定剂。

药剂稳定化技术以处理重金属废物为主,到目前为止已发展了许多重金属稳定化技术,包括重金属废物的药剂稳定化技术(pH 控制技术、氧化/还原电势控制技术和沉淀技术)、吸附技术、离子交换技术及其他技术。

2. 重金属废物药剂稳定化技术

(1)pH 控制技术。这是一种最普遍、最简单的方法。其原理为:加入碱性药剂,将废物的 pH 调整至使重金属离子具有最小溶解度的范围,从而实现其稳定化。常用的 pH 调整剂有石灰[CaO 或 $Ca(OH)_2$]、苏打(Na_2CO_3)、氢氧化钠(NaOH)等。除了这些常用的强碱外,大部分固化基材,如普通水泥、石灰窑灰渣、硅酸钠等也都是碱性物质,它们在固化废物的同时,也有调整 pH 的作用。另外,石灰及一些类型的黏土可用作 pH 缓冲材料。

(2)氧化/还原电势控制技术。为了使某些重金属离子更易沉淀,常需将其还原为最有利的价态,最典型的是把六价铬(Cr^{6+})还原为三价铬(Cr^{3+})、五价砷(As^{5+})还原为三价砷(As^{3+})。常用的还原剂有硫酸亚铁、硫代硫酸钠、亚硫酸氢钠、二氮化硫等。

(3)沉淀技术。常用的沉淀技术包括氧化物沉淀、硫化物沉淀、硅酸盐沉淀、碳酸盐沉淀、磷酸盐沉淀、共沉淀、无机络合物沉淀和有机络合物沉淀。

（4）吸附技术。作为处理重金属废物的常用吸附剂有：活性炭、黏土、金属氧化物（氧化铁、氧化镁、氧化铝等）、天然材料（锯末、沙、泥炭等）和人工材料（飞灰、活性氧化铝、有机聚合物等）。研究发现，一种吸附剂往往只对某一种或某几种污染物具有优良的吸附性能，而对其他污染成分则效果不佳。例如，活性炭对吸附有机物最有效；活性氧化铝对镍离子的吸附能力较强，而其他吸附剂对这种金属离子却表现出无能为力。

（5）离子交换技术。最常见的离子交换剂是有机离子交换树脂、天然或人工合成的沸石、硅胶等。用有机树脂和其他的人工合成材料去除水中的重金属离子通常是非常昂贵的，而且和吸附一样，这种方法一般只适用于给水和废水处理。另外，还需注意的是，离子交换与吸附都是可逆的过程，如果逆反应发生的条件得到满足，污染物将会重新逸出。

可以大规模应用的重金属稳定化的方法是比较有限的，但由于重金属在危险废物中存在形态的千差万别，具体到某一种废物，需根据所要达到的处理效果对处理方法和实施工艺选择适当的处理方法。

4.1.4　固化/稳定化处理效果的评价指标

危险废物在经过固化/稳定化处理以后是否真正达到了标准，需要对其进行有效的测试，以检验经过稳定化的废物是否会再次污染环境，或者固化以后的材料是否能够被用作建筑材料等。为了评价废物稳定化的效果，各国的环保部门都制定了一系列的测试方法。很明显，人们不可能找到一个理想的、适用于一切废物的测试技术，每种测试得到的结果都只能说明某种技术对于特定废物的某一些污染特性的稳定效果。

固化/稳定化处理效果的评价指标主要有浸出率、增容比、抗压强度等。

1. 浸出率

浸出率指固化体浸于水中或其他溶液中时，其中有害物质的浸出速率。因为固化体中的有害物质对环境和水源的污染，主要是有害物质溶于水所造成的，所以，浸出率是评价无害化程度的指标。其数学表达式为

$$R_{in} = \frac{a_r / A_0}{(F/M)t}$$

式中　a_r——浸出时间内浸出的有害物质的量；

　　　A_0——样品中含有的有害物质的量；

　　　t——浸出时间；

　　　F——样品暴露的表面积；

　　　M——样品的质量。

2. 增容比

增容比指所形成的固化体体积与被固化有害废物体积的比值。增容比是评价减量化程度的指标。其数学表达式为

$$C_i = \frac{V_2}{V_1}$$

式中 C_i——增容比；

$\qquad V_2$——固化体体积；

$\qquad V_1$——固化前有害废物的体积。

3. 抗压强度

抗压强度指固化体在静压作用下破碎时的负荷值。由于废物经过固化后,通常都要将得到的固化体进行填埋处置或用作填料,为避免出现因破碎和散裂从而增加暴露的表面积和污染环境的可能性,就要求固化体具有一定的结构强度。

对于最终进行填埋处置或装桶贮存的固化体,抗压强度要求较低,一般控制在 1 MPa～5 MPa;对于准备用作建筑基料的固化体,抗压强度要求在 10 MPa 以上,浸出率也要尽可能低。抗压强度是评价无害化和可资源化程度的指标。

4.2 固化/稳定化处理案例

以生活垃圾焚烧飞灰固化为例,采用水泥固化为主、药剂稳定化为辅的工艺技术路线,并分别从废物种类和规模、配伍方案、固化工艺流程和主体设备参数及主要技术经济指标等方面进行分析和探讨,为同类项目建设提供借鉴和参考。

4.2.1 废物种类、规模和配伍方案

根据对项目建设区域有关废物进行毒性特征沥滤方法(toxicity characteristic leaching procedure,TCLP)浸出实训的结果分析,其重金属类废物、残渣类废物等浸出浓度均高于《危险废物填埋污染控制标准》(GB 18598—2001)的限值。

项目处理规模为 8 404 t/a,废物种类和各项废物处理规模见表 3-4-2。

表 3-4-2 废物种类和处理规模

废物种类	污染成分	性 状	特 性	处理量/(t/a)
焚烧飞灰	重金属	固	T	2 584
物化残渣	重金属	固	T	1 660
回收残渣	铅、酸	固	T	750
重金属废物	铬、铅	固	T	2 995
废酸残渣	酸	固	T	415
合计				8 404

4.2.2 固化工艺流程

将需固化的废料及其固化剂、药剂采样送实训室进行实训分析,并将最佳配比等参数提供给固化车间。需固化处理的含重金属、残渣类废物通过车辆运送到固化车间,倒入配料机的骨料仓,并经过卸料、计量、输送等过程进入混合搅拌机。水泥、粉煤灰药剂、水等物料按照实训所得的比例通过各自的输送系统送入搅拌机,连同废物料在混合搅拌槽内进行搅拌,其中水泥、粉煤灰和飞灰由螺旋输送机输送再称量后进入固化搅拌机拌合料槽;固化用水、药剂通过泵计量送入搅拌机料槽。物料混合搅拌均匀后,开闸卸料,通过皮带输送机输送到

砌块成型机成型。成型后的砌块体放入链板机的托板上,通过叉车送入养护厂房进行养护处理。养护凝结硬化后取样检测,合格品用叉车直接运至安全填埋场填埋,不合格品由养护厂房返回预处理间经破碎后重新处理。固化工艺流程如图3-4-1所示。

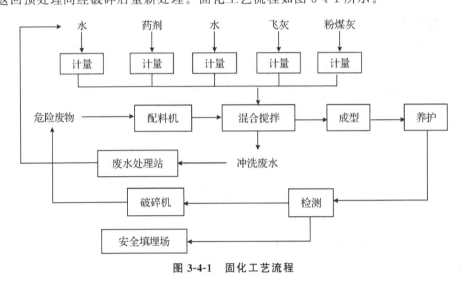

图 3-4-1　固化工艺流程

4.2.3　主要技术经济指标

本项目主要技术经济指标见表3-4-3。

表 3-4-3　主要技术经济指标

处理规模/ (t/a)	总占地 面积/m²	建筑面积/ m²	硫脲消耗/ (t/a)	氢氧化钠 消耗/(t/a)	次氯酸钠 消耗/(t/a)	柴油消耗/ (t/a)	总投资/ (万元)	单位处理 成本/(元)
8 404	1 100	400	17	17	15	2	620.04	289.70

从表3-4-3可看出,采用水泥固化技术处理危险废物具有厂房占地面积小、投资和单位运行成本低等优点

4.2.4　结论和建议

本项目含重金属类废物在处置废物总量中所占比例较大,考虑部分采用药剂稳定化技术进行处理,不但能大大降低由于使用水泥或石灰而增加的体积,节省大量库容,提高填埋场使用寿命,而且经药剂稳定化处理后的重金属类废物比较容易达到危险废物填埋污染控制标准要求,减少处理后废物二次污染的风险。

由于危险废物的种类繁多、成分复杂、有害物含量变化幅度大,需要通过分析、实训来确定每一批废物的处理工艺和配方,并根据配方确定药剂品种及用量。

为了方便操作和运行管理,提高物料配比的准确度,单种类型废物物料应采用单一混合搅拌,不同的时段搅拌不同的废物,不同类型废物物料不宜同时混合搅拌。

【任务实施】

1. 实训准备

原料及试剂：

(1)生活垃圾焚烧飞灰。从生活垃圾焚烧厂采取焚烧飞灰。

(2)水泥。普通硅酸盐水泥(32.5♯)。

(3)试剂。螯合剂。

2. 固化与稳定化试验

按表 3-4-4 的配比分别称取一定量的水泥、飞灰、螯合剂，搅拌均匀后，加适量水搅拌均匀，制作成长方体的固化块，在自然条件下凝结硬化。

表 3-4-4   固化块各成分的配比

序　号	水　泥	飞　灰	螯合剂
1	1	0.6	0.1
2	1	0.8	0.2
3	1	1	0.3

3. 飞灰重金属含量的测定

准确称取 0.2 g 过筛的飞灰，置于 WX-30 微波消解仪的聚四氟乙烯消解罐中，用少量水湿润；加入 1.0 mL 过氧化氢摇匀，静置 5.0 min；分别加入浓硝酸 6.0 mL、浓盐酸 4.0 mL 和浓氢氟酸 1.5 mL，使酸和样品充分混合均匀；放置 24 h 后，安装好微波消解罐，设置好参数进行微波消解，主要参数见表 3-4-5；结束后取出消解罐，将溶液用 5% 硝酸定容于 100 mL 容量瓶中。各重金属均用原子吸收分光光度计测定，测定结果记录于表 3-4-6 中。

表 3-4-5   微波消解的主要参数设定

参　　数	时间/min	功率/W	温度/℃	气压/MPa
第一阶段	5	600	100	0.5
第二阶段	10	600	130	1.0
第三阶段	8	1 000	150	1.0
第四阶段	15	1 000	180	1.5

表 3-4-6   飞灰主要重金属含量

重金属	总 Cr	Cu	Pb	Cd	Ni	Zn
消解液重金属浓度/(μg/g)						
飞灰中重金属组成(质量分数)%						

注：飞灰中重金属组成(质量分数)＝飞灰中某种重金属质量/飞灰总质量×100%。

4. 固化/稳定化后的飞灰重金属浸出测定

经固化/稳定化后的飞灰重金属浸出测定结果记录于表 3-4-7 中。

表 3-4-7　固化块重金属浸出结果

成　分	1号		2号		3号	
	浸出浓度/(mg/L)	浸出率/10^{-2}	浸出浓度/(mg/L)	浸出率/10^{-2}	浸出浓度/(mg/L)	浸出率/10^{-2}
Pb						
Cd						
Cu						
Ni						
Zn						
总 Cr						

【考核与评价】

考查学生实训准备、实训操作、实训结果分析等关键技能,评价实训效果、实训成果及实训报告。

【讨论与拓展】

讨论交流实训过程,探讨会影响测定结果的主要因素和减少、消除实训误差的方法,检查验证硅酸盐水泥固化飞灰较佳的质量配比。

任务 5　介绍医疗垃圾焚烧工艺流程(选学)

【任务描述】

某校现有"固体废物处理与处置"课程实习,要到龙岩市绿洲环境科技有限公司的医疗垃圾焚烧厂参观实习,现该公司派你作为主要负责人介绍该医疗垃圾焚烧厂运行管理要点,主要包括如何组织,如何介绍焚烧工艺流程、二次污染及其控制等内容。

【知识点】

医疗废物的处理实例
——龙岩市绿洲环境科技有限公司医疗废物的处理

5.1　工艺路线

工艺路线:废物收集→运输→暂存→进料→热解焚烧→烟气换热→烟气急冷→酸气吸收→二噁英吸附→烟气过滤→烟气排放。医疗垃圾由密闭投料装置一次性投入气化炉(A炉和B炉),在气化炉中低温缺氧热解,产生的可燃气体在二燃室(燃烧炉)中富氧高温充分燃烧,温度 1 100 ℃,高温烟气经冷却炉一次冷却降至 600 ℃,经急冷塔水雾喷淋 2 s 内降至 200 ℃,再经消石灰中和及活性炭吸附,进入布袋除尘器除尘,最后由烟囱达标排放。

5.2　关键技术

焚烧装置主要包括以下几部分:进料系统、热解焚烧系统、烟气净化系统、自动控制系统、在线监测系统、应急管理系统等,其中采用了以下几个方面的关键技术。

5.2.1　热解焚烧技术

热解焚烧技术在以下几个关键技术上做了重大改进,做到了对焚烧的有效控制,以提高废物焚烧的效率:

(1)焚烧温度控制。一燃室、二燃室炉温均控制在 900~1 100 ℃。

(2)滞留时间控制。为保证废物及产物全部分解,装置的烟气在二燃室内停留时间大于 2.0 s。

(3)焚烧炉炉体材料。炉体采用优质高铝的耐火材料砌成,具有耐腐蚀、耐高温、高强度等优点,可以延长炉体的使用寿命,减少耐火材料的维修次数,降低运行成本。

(4)焚烧炉炉排结构。装置的上、下炉排均为活动炉排,并分为定排和动排,均采用耐高温不锈钢制作,耐磨、耐腐蚀性好;翻动次数、翻转角度可调;运行周期长,故障少,可调性好,操作方便。

(5)有害物质焚毁率。高焚毁率 DRE≥99.99%。

(6)空气扰动。为使废物及燃烧产物全部分解,必须加强空气与废物、空气与烟气的充

分接触混合,扩大接触面积,使有害物在高温下短时间内氧化分解。焚烧炉有独特的供风系统,对废物的充分燃烧起到了有效的作用。

5.2.2 烟气净化技术

采用先半干法除酸,再进行活性炭吸附,最后除尘的工艺路线,既能达到较高的烟气净化效果,又能最大限度地减少二次废物的产生量。

烟气净化工艺流程:冷却炉换热＋急冷塔＋半干法除酸＋活性炭吸附＋布袋除尘。

烟气净化技术在以下几个关键技术点上做到了有效控制:

(1)烟气急冷。装置中烟气冷却由水冷器、空冷器和喷水急冷塔组成。

水冷器和空冷器主要用于高温段烟气冷却,重点在余热利用,即一方面产生热水供淋浴使用(也可根据用户要求,选用余热锅炉供应蒸汽),另一方面将助燃空气加热到 $200\sim300$ ℃送入焚烧炉,以提高焚烧效率、降低助燃油的消耗量。

喷水急冷的方法,即通过高效雾化喷头将少量冷却水雾化成极小的雾滴与烟气直接进行热交换而变成水蒸气,在 2.0 s 内快速将烟气冷却到 200 ℃以下。同时在以往技术的基础之上又进行了改进,即将冷却水改为碱液(Na_2CO_3 溶液),可同时进行酸性气体的中和净化。

(2)布袋除尘器。采用可在 $160\sim200$ ℃下工作的特殊滤材作为过滤介质,它对于纳米级的粉尘离子具有很高的过滤效率;表面光滑,耐腐蚀,耐温高,尘饼易于脱落,有利于清灰。

(3)半干法除酸。焚烧烟气中的酸性气体主要由 SO_x,NO_x,HCl,HF 组成,均来源于相应垃圾组分的燃烧。半干法除酸的吸收剂一般采用氧化钙(CaO)或氢氧化钙[$Ca(OH)_2$)]为原料,制备成 $Ca(OH)_2$ 溶液,在烟气净化工艺流程中通常置于除尘设备之前,因为注入石灰浆后会在反应塔中形成大量的颗粒物,必须由除尘器收集去除。由喷嘴或旋转喷雾器将 $Ca(OH)_2$ 溶液喷入反应器中,形成粒径极小的液滴。由于水分的挥发而降低了废气的温度并提高了湿度,使酸气与石灰浆反应生成盐类,掉落至底部。

(4)活性炭粉吸附床。在工艺设计中采取了以下几点抑制二噁英的产生及净化措施:

1)采用热解焚烧工艺,燃烧完全程度高,飞灰量低。

2)燃烧炉温度维持在 $900\sim1\,100$ ℃的高温范围(文献报道,二噁英在 850 ℃以上即发生分解)。

3)中温段(≤600 ℃)的烟气采用喷水急冷方式,快速跨过烟气中的二噁英生成段。

4)使用活性炭的高效袋滤器进行捕集。

采取上述措施后,正常情况下应该可以满足二噁英的净化要求,但是考虑到废物组成的波动性、袋反吹清灰时活性炭预敷的滞后性、焚烧系统启动及停车状态下的不稳定性,在装置的末端增设一级后备式活性炭吸附器,确保二噁英的达标排放。间隔一段时间后更换下的废活性炭可返回焚烧炉中高温焚烧处理。

5.2.3 辅助燃烧技术

辅助燃烧技术具有全自动管理燃烧程序、火焰检测、自动判断与提示故障等功能;出口油压稳定,燃烧均匀充分无烟炱;根据焚烧炉设定的温度进行自动补偿;节省能源消耗,低成本运行,实现了自热式热解和燃气预燃烧,绝大部分情况下,无须外加辅助燃料助燃,较国内其他同类产品运行成本明显降低。

5.2.4   安全防腐措施

根据物料的化学成分,物料在焚烧后的烟气中含有粉尘,HCl,NO_x,水蒸气等复杂组分,酸碱交替,冷热交替,干湿交替,腐蚀与磨损并存,设备必须承受多种多样的物理化学温度和机械负荷,特别是其中的 HCl 是导致设备腐蚀的主体。因此,设备的防腐直接关系到设备的使用寿命。系统在安全防腐技术上的最大特点是根据不同温度采取了分段式防腐措施,同时采取如下防护措施:

(1)耐火炉衬。一燃室和二燃室用抗腐蚀耐火材料砌筑而成。

(2)炉排。采用耐高温不锈钢,它具有耐腐蚀、耐高温、耐机械磨损的性能。

(3)烟道。在高温段连接各设备的烟道均采用耐酸耐火浇筑材料作为烟道内衬,低温段控制烟气温度在露点以上,防止烟气结露,造成腐蚀。

(4)喷雾吸收设备为衬胶结构,以防止酸碱腐蚀。

(5)碱液循环冷却系统采用 ABS 和聚丙烯,有效地防止了酸碱腐蚀。

5.2.5   装置应急系统

采取了由应急电源、应急引风机、应急控制系统等组成的应急系统。其作用主要是:①在系统运行发生突然停电情况下,应急系统自动启动,以保证装置内已投入的物料安全燃烧。②在设备检修过程中启动应急系统,可使焚烧主工艺系统处于负压状态,以防有害气体的外逸,提高检修人员的安全性。

5.3   工程规模

本工程项目占地面积 7 820 m^2,项目总投资 1 790 万元,一套处理规模为 5 t/d 的 GB-12W-2000BF 型热解气化亚熔融医疗废物热解焚烧处理装置。

主要技术指标:焚烧炉使用寿命≥10 a,焚烧炉温度≥900 ℃,烟气停留时间≥2.0 s,燃烧效率≥99.93%,焚烧灰去除率≥99.99%,焚烧残渣的热灼减率<5%,焚烧灰热灼减率≤2.86%,焚烧炉出口烟气中的含氧量 6%~10%,炉体可接触壳体外表温度≤50 ℃。

5.4   主要设备及运行管理

5.4.1   主要设备

根据工艺要求,主要设备包括废物暂存进料系统、焚烧系统、余热利用系统、烟气除尘系统、自动控制系统、应急处理系统等。

5.4.2   工程运行情况

该处理中心于 2010 年年底正式投入使用,截至 2015 年 11 月底,该处置中心已签订的医疗机构共计 248 家,占全龙岩市医疗机构总量的 99%。2014 年度该处置中心共收集处置全龙岩市医疗废物 1 696 t。

5.4.3 主要运行参数

采用中央控制台集中控制,主要的运行参数即时显示在中央控制台的工业计算机上。主要的运行参数有:焚烧炉温度、烟气中氧的浓度、塔釜液位、冷却水箱液位、焚烧炉负压和急冷塔温度。

5.5 环境效益分析

该处置实施的运行,改变了龙岩市医疗废物集中处理难的问题;该处置设施的各项污染物控制指标达到有关标准要求,避免了小型焚烧炉处理医疗废物造成的二次污染;该项目的运行对提高城市环境水平、提高城市形象具有重大意义。

【任务实施】

根据图 3-5-1 所示,完整介绍医疗垃圾热解焚烧工艺流程。

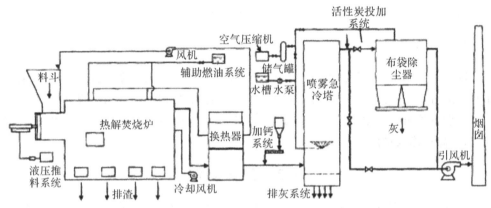

图 3-5-1 医疗垃圾热解焚烧工艺部分流程

【考核与评价】

考查学生能否根据医疗垃圾热解焚烧工艺知识,熟练介绍整个医疗垃圾热解焚烧工艺流程。

(1)对热解焚烧工艺流程的理解。

(2)介绍熟练程度、专业术语表达准确性及语言表达流畅性。

【讨论与拓展】

讨论医疗垃圾热解焚烧工艺的优点及适用性。

参考文献

[1]陈若荷.福州市城市生活垃圾分类处理现状及管理措施初探[J].海峡科学,2014(7):25.

[2]董越勇,邹道安,刘银秀,等.我国城市生活垃圾特点及其处理技术浅析——以杭州市为例[J].浙江农业学报,2016(6):1057.

[3]黄万金.危险废物水泥固化处理技术工程实例[J].环境卫生工程,2009(2):23-25.

[4]林琳.城市生活垃圾减量化管理及 NGO 参与初探——基于厦门大学的试点研究[D].厦门:厦门大学,2009:63.

[5]刘海春.固体废物处理与利用[M].2 版.大连:大连理工大学出版社,2010.

图书在版编目(CIP)数据

固体废物处理与处置/刘立峰主编. —厦门:厦门大学出版社,2016.12
(闽西职业技术学院国家骨干高职院校项目建设成果.环境监测与治理技术专业)
ISBN 978-7-5615-5870-6

Ⅰ.①固… Ⅱ.①刘… Ⅲ.①固体废物处理-高等职业教育-教材 Ⅳ.①X705

中国版本图书馆 CIP 数据核字(2016)第 308181 号

出 版 人	蒋东明
责任编辑	李峰伟
封面设计	蒋卓群
责任印制	许克华

出版发行 厦门大学出版社

社 址	厦门市软件园二期望海路 39 号
邮政编码	361008
总 编 办	0592-2182177　0592-2181253(传真)
营销中心	0592-2184458　0592-2181365
网 址	http://www.xmupress.com
邮 箱	xmupress@126.com
印 刷	厦门市万美兴印刷设计有限公司

开本	787mm×1092mm　1/16
印张	12.25
插页	2
字数	298 千字
版次	2016 年 12 月第 1 版
印次	2016 年 12 月第 1 次印刷
定价	30.00 元

本书如有印装质量问题请直接寄承印厂调换

厦门大学出版社
微信二维码

厦门大学出版社
微博二维码